一般計量士・環境計量士

国家試験問題 解答と解説

3. 法規・管理（計量関係法規／計量管理概論）

（平成21年～23年）

一般社団法人 日本計量振興協会 編

コロナ社

計量士をめざす方々へ
(序にかえて)

　近年，社会情勢や経済事情の変革にともなって産業技術の高度化が急速に進展し，有能な計量士の有資格者を求める企業が多くなっております。

　しかし，計量士の国家試験はたいへんむずかしく，なかなか合格できないと嘆いている方が多いようです。

　本書は，計量士の資格を取得しようとする方々のために，最も能率的な勉強ができるよう，この国家試験に精通した専門家の方々に執筆をお願いして編集しました。

　内容として，専門科目あるいは共通科目ごとにまとめてありますので，どの分野からどんな問題が何問ぐらい，どのへんに出ているかを研究してください。そして，本書に沿って，問題を解いてみてはいかがでしょう。何回か繰り返し演習を行うことにより，かなり実力がつくといわれています。

　もちろん，この解説だけでは納得がいかない場合もあるかもしれません。そのときは適切な参考書を求めて，その部分を勉強してください。

　そして，実際の試験場では，どの問題が得意な分野なのか，本書によって見当がつくわけですから，その得意なところから始めると良いでしょう。なお，解答時間は，1問当り3分たらずであることに注意してください。

　さあ，本書なら，どこでも勉強できます。本書を友として，ぜひとも合格の栄冠を勝ち取ってください。

2011年11月

社団法人　日本計量振興協会
(現　一般社団法人　日本計量振興協会)

目　　　次

1. 計量関係法規　法　規

1.1　第 59 回（平成 21 年 3 月実施）……………………………… *1*
1.2　第 60 回（平成 22 年 3 月実施）……………………………… *27*
1.3　第 61 回（平成 23 年 3 月実施）……………………………… *50*

2. 計量管理概論　管　理

2.1　第 59 回（平成 21 年 3 月実施）……………………………… *75*
2.2　第 60 回（平成 22 年 3 月実施）……………………………… *105*
2.3　第 61 回（平成 23 年 3 月実施）……………………………… *133*

　本書は，平成 21 年〜23 年に実施された問題をそのまま収録し，その問題に解説を施したもので，当時の法律に基づいて編集されております。したがいまして，その後の法律改正での変更（例えば，省庁などの呼称変更，法律の条文・政省令などの変更）には対応しておりませんのでご了承下さい。

1. 計量関係法規

法 規

1.1 第59回（平成21年3月実施）

---- 問 1 ----

次の記述は，計量法第1条の目的に関するものであるが，（ア）〜（ウ）に入る語句の組合せとして正しいものを一つ選べ。

この法律は，計量の （ア） を定め，適正な （イ） を確保し，もって （ウ） に寄与することを目的とする。

	（ア）	（イ）	（ウ）
1	標準	計量の実施	社会経済の発展及び生活水準の向上
2	基準	計量の実施	経済の発展及び文化の向上
3	基準	計量器の校正	社会経済の発展及び生活水準の向上
4	基準	計量器の供給	経済の発展及び文化の向上
5	標準	計量器の供給	社会経済の発展及び生活水準の向上

[題 意] 法第1条の目的についての問題。

[解 説] 法第1条（目的）の条文中で，（ア）は「基準」が，（イ）は「計量の実施」が，（ウ）は「経済の発展及び文化の向上」が該当するので，**2**の組合せが正しい。

[正 解] **2**

---- 問 2 ----

計量法の用語の定義に関する次のア〜オの記述のうち，誤っているものの組合せを次の**1**〜**5**の中から一つ選べ。

ア　この法律において「取引」とは，公に又は業務上他人に一定の事実が

真実である旨を表明することをいう。

イ　この法律において「計量単位」とは，計量の基準となるものをいう。

ウ　この法律で定める「物象の状態の量」には，速さは含まれない。

エ　この法律において「特定計量器」とは，取引若しくは証明における計量に使用され，又は主として一般消費者の生活の用に供されるすべての計量器をいう。

オ　この法律において「標準物質」とは，政令で定める物象の状態の量の特定の値が付された物質であって，当該物象の状態の量の計量をするための計量器の誤差の測定に用いるものをいう。

1　ア，イ，エ，オ
2　ア，ウ，エ
3　ア，ウ，オ
4　イ，エ，オ
5　イ，ウ，エ

【題意】　法第2条（定義等）第1項から第8項までに掲げられている用語の「定義」についての問題。

【解説】　イは，法第2条第1項の，オは，同条第8項のとおりで，正しい。

アは，法第2条第2項の「取引」および「証明」の定義に関するもので，「取引とは，有償であると無償であるとを問わず物又は役務の給付を目的とする業務上の行為をいい，」，「証明とは，公に又は業務上他人に一定の事実が真実である旨を表明することをいう。」と規定されているが，設問には「証明」の定義が記述されているため，「取引とは，」とあるのが，誤り。

ウは，同条第1項一号の「物象の状態の量」に関するもので，「長さ」から「線量当量率」まで72について記述され，「速さ」についても14番目に掲げられているので，設問の「物象の状態の量」に含まれないとあるのが，誤り。

エは，同条第4項の「特定計量器」の定義に関するもので，「特定計量器」とは，「取引若しくは証明における計量に使用され，又は主として一般消費者の生活の用に供される計量器のうち，適正な計量の実施を確保するためにその構造又は器差に係る

基準を定める必要があるものとして政令で定めるものをいう。」と規定されているので，設問の「主として一般消費者の生活の用に供されるすべての計量器」と無制限に対象とする記述が，誤り。

したがって，誤っているものの組み合わせは，**2** が正しい。

[正 解] 2

[問] 3

次の記述は，非法定計量単位の使用の禁止に関する計量法第 8 条第 1 項の規定であるが，（ア）及び（イ）に入る語句の組合せとして正しいものを一つ選べ。

第 3 条から第 5 条までに規定する計量単位（以下「法定計量単位」という。）以外の計量単位（以下「非法定計量単位」という。）は，第 2 条第 1 項第 1 号に掲げる物象の状態の量について，　（ア）　又は　（イ）　に用いてはならない。

	（ア）	（イ）
1	計量	計測
2	校正	検定
3	取引	証明
4	報告	表示
5	販売	陳列

[題 意] 法第 3 条から第 5 条までに規定する法定計量単位についての問題。
[解 説] 法第 8 条（非法定計量単位の使用の禁止）第 1 項の規定中，（ア）は，「取引」が，（イ）は，「証明」が該当するので，**3** の組合せが正しい。

[正 解] 3

[問] 4

次のア～オに示す物象の状態の量と法定計量単位との組合せのうち，正しいものがいくつあるか，次の **1**～**5** の中から一つ選べ。

4　　1. 計量関係法規

　　　[物象の状態の量]　　[法定計量単位]
ア　周波数　　　　　　サイクル
イ　長さ　　　　　　　ミクロン
ウ　質量　　　　　　　トン
エ　力　　　　　　　　重量キログラム
オ　体積　　　　　　　リットル

1　1個
2　2個
3　3個
4　4個
5　5個

──────────────────────────────

【題意】法第3条に規定する「物象の状態の量」と「法定計量単位」についての問題。

【解説】法第3条（国際単位系に係る計量単位）に規定する「物象の状態の量」と「法定計量単位」については，法別表第一に掲げられ，ウ，オは，別表第1のとおりで，正しい。

アは，「ヘルツ」と，イは，「メートル」と，エは，「ニュートン」とあるので，いずれも誤り。

したがって，正しい組合せは2個となるので，**2**が正しい。

【正解】2

──── 問 5 ────

次の記述は，計量法第15条の特定商品の販売の事業を行う者に関するものであるが，（ア）～（ウ）に入る語句の組合せとして正しいものを一つ選べ。

　（ア）は，特定商品の販売の事業を行う者が規定を遵守していないため，当該特定商品を購入する者の利益が害されるおそれがあると認めるときは，これらの者に対し，必要な措置をとるべきことを　（イ）　することができる。

（ア）は，前項の規定による（イ）をした場合において，その（イ）を受けた者がこれに従わなかったときは，その旨を（ウ）することができる。

	（ア）	（イ）	（ウ）
1	経済産業大臣	勧告	公表
2	経済産業大臣	勧告	警告
3	都道府県知事又は特定市町村の長	命令	公表
4	経済産業大臣	命令	勧告
5	都道府県知事又は特定市町村の長	勧告	公表

【題意】 法第12条から14条に規定する商品の計量販売に係る法第15条の規定についての問題。

【解説】 計量法第15条（勧告等）の条文中の（ア）は，「都道府県知事又は特定市町村の長」と，（イ）は「勧告」が，（ウ）は「公表」が該当するので，**5**の組合せが正しい。

【正解】 5

問 6

計量法における計量器の使用に関する次の記述のうち，正しいものを一つ選べ。

1. 検定証印が付された特定計量器はすべて，取引又は証明における法定計量単位による計量に使用してよい。
2. 特定計量器の中には，取引又は証明における法定計量単位による計量に際し，その使用方法について制限しているものはない。
3. 巻尺は特定計量器ではないため，取引又は証明における法定計量単位による計量に使用することはできない。
4. 特殊容器は計量器ではないため，これを用いて商品の体積を示して販売を行う際には，特定計量器を用いて体積を計量する必要がある。
5. 検定証印が付されていない特定計量器であっても，取引又は証明におけ

る法定計量単位による計量に使用してよい場合がある。

〔題意〕 法第16条から第18条で定める特定計量器の使用制限などについての問題。

〔解説〕 1は，検定証印に有効期間が定められている特定計量器にあっては，検定証印が付されていても，その有効期間を超えていた場合は，法第16条（使用の制限）第1項第三号の規定により，「使用又は使用のために所持してはならない。」とされているので，誤り。

2は，法第18条（使用方法等の制限）で委任する法施行令第9条別表第2で，5種類の特定計量器「一　水道メーター，温水メーター及び積算熱量計」，「二　燃料油メーター」，「三　ガスメーター」，「四　最大需要電力計，電力量計，無効電力量計」および「五　濃度計」については，使用液種，取り付け姿勢等の使用方法に関する制限が規定されているので，「使用方法について制限しているものはない。」とあるのは，誤り。

3は，法第16条第1項で「取引又は証明」において「法定計量単位による計量」に使用できないものとして，「一　計量器でないもの，二　特定計量器であって検定証印等が付されてないもの，三　特定計量器のうち検定証印に有効期間があるものにあっては，有効期間を超えているもの」とあり，「巻き尺」は特定計量器ではないが計量器には該当するため，一から三までに該当しないので，設問の「使用することはできない。」とあるのが，誤り。

4は，特殊容器は，計量器ではないが，特殊容器の表示があるものについては，法第17条（特殊容器の使用）第1項で「－前略－政令で定める商品を経済産業省令で定める高さまで満たして，体積を法定計量単位により示して販売する場合におけるその特殊容器については，前条第1項の規定は，適用しない。」とあるので，「特定計量器を用いて体積を計量する必要がある。」とあるのが，誤り。

5は，法第16条第1項の前段の括弧書きで（－前略－政令で定める特定計量器を除く。）とあるので，特定計量器であっても政令5条第1号（載せ台を有する非自動はかりであって，平方メートルで表した載せ台の面積の値をトンで表したひょう量の値で除した値が0.1以下のもの等）から第11号までに掲げられているものについては，使用の制限適用除外となるので，正しい。

[正 解] 5

[問] 7

計量法第19条の定期検査に関する次のア〜オの記述のうち，正しいものがいくつあるか，次の **1**〜**5** の中から一つ選べ．

　ア　計量法第107条の計量証明の事業の登録を受けた者が計量上の証明に使用する特定計量器は，定期検査を受けなければならない．

　イ　定期検査の合格条件の一つとして，その器差が経済産業省令で定める使用公差を超えないこと，がある．

　ウ　特定計量器のうち定期検査の対象となるものに分銅及びおもりがある．

　エ　定期検査は，2年以上において特定計量器ごとに政令で定める期間に1回，区域ごとに行う．

　オ　都道府県知事又は特定市町村の長は，その指定する者（指定定期検査機関）に，定期検査を行わせることができる．

1　1個
2　2個
3　3個
4　4個
5　5個

[題 意] 法第19条から法第24条に規定する定期検査についての問題．

[解 説] アは，法第19条（定期検査）第1項第一号で定期検査を受ける必要がない（計量証明検査を受けるため．）特定計量器として掲げられているので，設問の「定期検査を受けなければならない．」とあるのは，誤り．

イは，法第23条（定期検査の合格条件）第1項第三号の規定のとおりで，正しい．

ウは，法第19条第1項で委任する法施行令第10条（定期検査の対象となる特定計量器）で，「非自動はかり（第5条第一号又は第二号に掲げるものを除く．以下同じ），分銅及びおもり」と規定しているので，正しい．

エは，法第21条（定期検査の実施時期等）第1項で委任する法施行令第11条（期

検査の実施時期）第1項で，「非自動はかり，分銅及びおもりにあっては2年とし，皮革面積計にあっては1年とする」とあり，皮革面積計は1年とあるので，2年以上とあるのが，誤り。

オは，法第20条（指定定期検査機関）第1項のとおりで，正しい。

したがって，誤りが2個，正しい記述が3個なので，**3**の3個が正しい。

[正解] **3**

[問] **8**

次の記述のうち，計量法第28条の指定定期検査機関の指定の基準として誤っているものを一つ選べ。

1 経済産業省令で定める条件に適合する知識経験を有する者が定期検査を実施し，その数が経済産業省令で定める数以上であること。

2 指定定期検査機関の指定を取り消されたことがないこと。

3 法人にあっては，その役員又は法人の種類に応じて経済産業省令で定める構成員の構成が定期検査の公正な実施に支障を及ぼすおそれがないものであること。

4 検査業務を適確かつ円滑に行う必要な経理的基礎を有するものであること。

5 経済産業省令で定める器具，機械又は装置を用いて定期検査を行うものであること。

[題意] 指定定期検査機関の指定基準に関する問題。

[解説] **1**は，法第28条（指定の基準）第1項第二号の，**3**は，同条第1項第三号の，**4**は，同条第1項第五号の，**5**は，同条第1項第一号のとおりで，それぞれ正しい。

2は，法第27条（欠格条項）で「次の各号（第一号から第三号）」のいずれかに該当する場合は，指定を受けることができない。」と規定し，第二号で「第38条の規定により指定を取り消され，その取消しの日から2年を経過しない者」とあるので，設問は，「指定定期検査機関の指定を取り消されたことがないこと。」とあるのが，誤り。

【正解】 2

問 9

計量法第50条第1項で規定する一定期間の経過後修理が必要となる特定計量器でないものを一つ選べ。

1　ガスメーター
2　最大需要電力計
3　水道メーター
4　積算熱量計
5　照度計

【題意】　検定証印等の有効期間のある特定計量器のうち一定期間経過後修理が必要となるものについての問題。

【解説】　一定期間経過後，修理が必要となる特定計量器については，法第50条（有効期間のある特定計量器に係る修理）第1項で委任する法施行令第12条別表第3のうち「水道メーター，温水メーター，燃料油メーター，液化石油ガスメーター，ガスメーター，積算熱量計，最大需要電力計，電力量計及び無効電力量計」が対象と定めているので，1～4は該当するが，照度計は含まれていないので，5が正しい。

【正解】 5

問 10

計量法第53条第1項の政令で定める特定計量器（ヘルスメーター等の家庭用特定計量器）に関する次の記述のうち，誤っているものを一つ選べ。

1　国内で当該特定計量器の製造の事業を行おうとする者（自己が取引又は証明における計量以外にのみ使用する特定計量器の製造の事業を行う者を除く。）は，都道府県知事を経由して経済産業大臣に届け出なければならない。

2　都道府県知事に届け出なくても，当該特定計量器の販売の事業を行って

よい。

3　国内で販売する目的で当該特定計量器を製造する際には，当該特定計量器が経済産業省令で定める技術上の基準に適合するようにしなければならない。

4　当該特定計量器の販売の事業を行う者は，経済産業省令で定める以下の表示又は検定証印等が付されているものでなければ，当該特定計量器を販売し，又は販売の目的で陳列してはならない。ただし，輸出のため当該特定計量器を販売する場合において，あらかじめ，都道府県知事に届け出たときは，この限りでない。

5　当該特定計量器に経済産業省令で定める以下の表示が付されている場合，取引又は証明における法定計量単位による計量に使用することができる。

〔題意〕　家庭用計量器の製造および使用などに関する問題。

〔解説〕　**1**は，法第40条（事業の届出）の，**2**は，法第51条の，**3**は，法第53条第1項の，**4**は，法第54条第1項および法第53条第1項後段のとおりで，正しい。

5は，当該特定計量器に「設問欄外の表示」が付されている場合は，計量法施行規則に定める技術基準に適合した場合に適合したときに付されるものであって，検定に合格したものではないので，法第16条第1項第二号および第三号に該当するため，「法定計量単位による取引又は証明に係る計量に使用することはできない」ので，設問の「できる」とあるのが，誤り。

〔正解〕　**5**

問 11

特定計量器の型式の承認に関する次の記述のうち，誤っているものを一つ選べ。

1. 承認輸入事業者は，その承認に係る型式に属する特定計量器（輸出のため販売される場合においてあらかじめ都道府県知事に届け出たものを除く。）を輸入したときは，経済産業省令で定めるところにより，これに表示を付することができる。
2. 届出製造事業者は，承認を受けようとする型式の特定計量器について，当該特定計量器の検定を行う指定検定機関の行う試験を受けることができる。
3. 承認製造事業者は，その承認に係る型式に属する特定計量器を製造するときは，いかなる場合であっても，当該製造する特定計量器が製造技術基準に適合するようにしなければならない。
4. 特定計量器の型式の承認は，特定計量器ごとに政令で定める期間ごとにその更新を受けなければ，その期間の経過によって，その効力を失う。
5. 承認製造事業者がその届出に係る特定計量器の製造の事業を廃止したとき，又は承認輸入事業者が特定計量器の輸入の事業を廃止したときは，その承認は効力を失う。

[題意] 特定計量器の型式の承認に関する問題。

[解説] **1**は，法第84条（表示）第1項のとおり，**2**は，法第78条（指定検定機関の試験）第1項のとおり，**4**は，法第83条第1項のとおり，**5**は，法第87条（承認の失効）のとおりで，正しい。

3は，法第80条（承認製造事業者に係る基準適合義務）のただし書きで「ただし，輸出のため当該特定計量器を製造する場合においてあらかじめ都道府県知事に届け出たとき，及び試験的に当該特定計量器を製造する場合は，この限りでない。」と，輸出する場合にあっては，前段の「基準適合義務」は適用されないと定めているので，設問の「いかなる場合であっても」とあるのが，誤り。

[正解] 3

問 12

指定製造事業者制度に関する次の記述のうち，誤っているものを一つ選べ。

1　指定製造事業者の指定は，届出製造事業者又は外国製造事業者の申請により行う。

2　指定製造事業者の指定は，経済産業省令で定める事業の区分に従い，その工場又は事業場ごとに行う。

3　経済産業大臣は，指定製造事業者の指定の申請に係る工場又は事業場における品質管理の方法が経済産業省令で定める基準に適合すると認めるときでなければ，その指定をしてはならない。

4　指定製造事業者の指定を受けようとする届出製造事業者は，当該工場又は事業場における品質管理の方法について，当該特定計量器の検定を行う指定検定機関の行う調査を受けなければならない。

5　経済産業大臣は，当該指定に係る工場又は事業場における品質管理の方法が経済産業省令で定める基準に適合していないと認めるときは，指定製造事業者に対し，必要な措置をとるべきことを命ずることができる。

[題意]　指定製造事業者の指定（法第90条〜101条）に関する問題。

[解説]　1および2は，法第90条（指定）第1項のとおり，3は，法第92条（指定の基準）第2項のとおり，5は，法第98条（改善命令）および同条第一号のとおりで，正しい。

4は，法第93条（指定検定機関の調査）第1項で，「−前略−申請に係る工場又は事業場における品質管理の方法について，当該特定計量器の検定を行う指定検定機関の行う調査を受けることができる。」とあるので，設問の「−前略−調査を受けなければならない。」とあるのが，誤り。

[正解]　4

問 13

基準器検査に関する次の記述のうち，誤っているものを一つ選べ。

1 経済産業省令で，基準器検査を行う計量器の種類及びこれを受けることができる者が定められている。
2 基準器検査を行った計量器が，その構造が経済産業省令で定める技術上の基準に適合し，かつ，その器差が経済産業省令で定める基準に適合した場合は合格とする。
3 基準器検査に合格した計量器には，経済産業省令で定めるところにより，基準器検査証印を付する。
4 計量器が基準器検査に合格したときは，基準器検査を申請した者に対し，基準器検査成績書を交付する。
5 基準器を譲渡し，又は貸し渡すときは，基準器検査成績書の消印を受けなければならない。

【題意】 基準器検査（法第 102 条～105 条）に関する問題。

【解説】 **1** は，法第 102 条（基準器検査）第 2 項のとおり，**2** は，法第 103 条（基準器検査の合格条件）第 1 項のとおり，**3** は，法第 104 条（基準器検査証印）第 1 項のとおり，**4** は，法第 105 条（基準器検査成績書）第 1 項のとおりで，正しい。

5 は，法第 105 条（基準器検査成績書）第 4 項で，「基準器を譲渡し，又は貸し渡すときは，基準器検査成績書をともにしなければならない。」とあるので，設問の「基準器検査成績書の消印を受けなければならない。」とあるのが，誤り

【正解】 **5**

【問】 **14**

計量法第 106 条第 1 項の政令で規定されている指定検定機関の指定の区分として誤っているものを一つ選べ。

1 振動レベル計
2 水道メーター及び温水メーター
3 積算熱量計
4 ガラス製体温計

5 タクシーメーター

[題意] 指定検定機関（法第106条）の指定の区分に関する問題。

[解説] 指定検定機関の指定の区分については，法第106条第1項で委任する法施行令第26条で一号から二十号まで対象機種が掲げられ，**1**の「振動レベル計」は第十八号に，**2**の「水道メーター及び温水メーター」は第五号に，**3**の「積算熱量計」は第十二号に，**4**の「ガラス製体温計」は第三号に掲げられているが，**5**の「タクシーメーター」は，含まれていないので，**5**が誤り。

[正解] 5

[問] 15

計量証明の事業に関する次の記述のうち，誤っているものを一つ選べ。

1　計量証明の事業の登録は，事業所単位ではなく企業単位であり，全国に二以上の事業所を有する企業はそれらを一括して本社所在地を管轄する都道府県知事又は特定市町村の長に申請しなければならない。

2　計量証明の事業の登録を受けるための申請書に記載することが必要な事項の一つとして，計量証明に使用する特定計量器その他の器具，機械又は装置であって経済産業省令で定めるものの名称，性能及び数，がある。

3　都道府県知事は，計量証明事業者が計量法で定める登録の基準に適合しなくなったと認めるときは，その計量証明事業者に対し，その基準に適合するために必要な措置をとるべきことを命ずることができる。

4　都道府県知事は，計量証明事業者が届出に係る事業規程を実施していないと認めるときは，その登録を取り消し，又は1年以内の期間を定めて，その事業の停止を命ずることができる。

5　計量証明事業の登録を受けた者は，その登録に係る事業の実施の方法に関し経済産業省令で定める事項を記載した事業規程を作成し，その登録を受けた後，遅滞なく，都道府県知事に届け出なければならない。

[題意] 計量証明の事業（法第107条～121条）に関する問題。

[解説] 2は，法第108条（登録の申請）第四号のとおり，3は，法第111条（適合命令）のとおり，4は，法第113条（登録の取消し等）第四号のとおり，5は，法第110条（事業規定）第1項のとおりで，正しい。

1は，法第107条（計量証明の事業の登録）第1項の前段で「経済産業省令で定める事業の区分に従い，その事業所ごとに，その所在地を管轄する都道府県知事の登録を受けなければならない。」とあるが，設問では「事業所単位ではなく企業単位であり，－中略－　都道府県知事又は特定市町村の長に申請しなければならない。」とあるのが，誤り。

[正解] 1

----- [問] 16 -----

計量証明検査に関する次の記述のうち，誤っているものを一つ選べ。

1　計量証明事業者は，登録を受けた日から特定計量器ごとに政令で定める期間ごとに，経済産業省令で定めるところにより，経済産業大臣が行う計量証明検査を受けなければならない。

2　計量証明検査を受けなければならない特定計量器には，検定を行った年月又は基準適合証印を付した年月の翌月1日から起算して特定計量器ごとに政令で定める期間を経過しない検定証印等が付されているものは含まれない。

3　計量証明検査を行った特定計量器の合格条件は，検定証印等（有効期間が定められているものにあっては，有効期間を経過していないものに限る。）が付されていること，その性能が経済産業省令で定める技術上の基準に適合していること，その器差が経済産業省令で定める使用公差を超えないこと，である。

4　計量証明検査に合格した特定計量器には，経済産業省令で定めるところにより，計量証明検査済証印を付すとともに，その証印には，その計量証明検査を行った年月を表示するものとする。

5　計量証明検査に合格しなかった特定計量器に検定証印等が付されている

ときは，その検定証印等を除去する。

[題意] 計量証明検査（法第116条〜121条）に関する問題。

[解説] **2**は，法第116条（計量証明検査）第1項ただし書きおよび第1号のとおり，**3**は，法第111条（適合命令）のとおり，**4**は，法第113条（登録の取消し等）第四号のとおり，**5**は，法第110条（事業規定）第1項のとおりで，正しい。

1は，法第116条（計量証明検査）第1項で「計量証明事業者は，第107条の登録を受けた日から特定計量器ごとに政令で定める期間ごとに，−中略−その登録をした都道府県知事が行う −後略−」とあるので，設問の「−前略− 経済産業大臣が行う−後略−」とあるのが，誤り。

[正解] 1

問 17

次に示す計量証明に使用する特定計量器と計量法第116条第1項の政令で定める計量証明検査を受けるべき期間と計量証明検査を受けることを要しない期間との組合せのうち，正しいものを一つ選べ。

[特定計量器]	[計量証明検査を受けるべき期間]	[計量証明検査を受けることを要しない期間]
1　皮革面積計	2年	1年
2　騒音計	3年	1年
3　振動レベル計	3年	1年
4　ボンベ型熱量計	5年	2年
5　非自動はかり	2年	1年

[題意] 計量証明検査（法第116条）の期間等に関する問題。

[解説] 計量証明検査を受けるべき期間と受けることを要しない期間については，法第116条（計量証明検査）第1項で委任する法施行令第29条別表第5で特定計量器の種類ごとに定められている。

　三「皮革面積計」　受けるべき期間：1年　要しない期間：6月

　　選択肢　1　　　　　　2年　　　　　　　1年

五「騒音計」　　　受けるべき期間：3年　要しない期間：6月
　　選択肢　**2**　　　　　　　　　3年　　　　　　　　<u>1年</u>
　六「振動レベル計」受けるべき期間：3年　要しない期間：6月
　　選択肢　**3**　　　　　　　　　3年　　　　　　　　<u>1年</u>
　四「ボンベ型熱量計」受けるべき期間：5年　要しない期間：3年
　　選択肢　**4**　　　　　　　　　5年　　　　　　　　<u>2年</u>
　一「非自動はかり」受けるべき期間：2年　要しない期間：1年
　　選択肢　**5**　　　　　　　　　2年　　　　　　　　1年

設問の特定計量器ごとの期間が **1～4** については，下線に該当する期間がそれぞれ誤り。

5 は，すべて別表のとおりで，正しい。

〔正解〕　**5**

問 18

次のア～オの記述のうち，特定計量証明事業の認定を受けるための適合要件として，計量法第121条の2で規定されている三つの要件の組合せとして正しいものを，次の **1～5** の中から一つ選べ。

　ア　法人にあっては，その役員又は法人の種類に応じて経済産業省令で定める構成員の構成が特定計量証明事業の公正な実施に支障を及ぼすおそれがないものであること。

　イ　特定計量証明事業を適正に行うに必要な管理組織を有するものであること。

　ウ　特定計量証明事業を適確かつ円滑に行うに必要な経理的基礎を有するものであること。

　エ　特定計量証明事業を適正に行うに必要な業務の実施の方法が定められているものであること。

　オ　特定計量証明事業を適確かつ円滑に行うに必要な技術的能力を有するものであること。

1 ア，イ，ウ
2 イ，ウ，エ
3 ウ，エ，オ
4 イ，エ，オ
5 ア，ウ，オ

［題意］ 特定計量証明事業（法第 121 条の二）の認定に係る適合要件に関する問題。

［解説］ 法第 121 条の二（認定）の特定計量証明事業の認定に係る適合要件は，同上の一号～三号までにつぎのように定められている。

一　特定計量証明事業を適正に行うに必要な管理組織を有するものであること。
二　特定計量証明事業を適確かつ円滑に行うに必要な技術的能力を有するものであること。
三　特定計量証明事業を適正に行うに必要な業務の実施の方法が定められているものであること。

したがって，一，二および三に該当する設問は，イ，オおよびエとなるので，**4** の組合せが正しい。

［正解］ 4

問 19

特定計量証明事業に関する次のア～オの記述のうち，正しいものがいくつあるか，次の **1 ～ 5** の中から一つ選べ。

ア　認定特定計量証明事業者の認定は，3 年を下らない政令で定める期間ごとにその更新を受けなければ，その期間の経過によって，その効力を失う。

イ　特定計量証明認定機関は，認定特定計量証明事業者が不正の手段により特定計量証明事業の認定を受けたときは，その認定を取り消すことができる。

ウ　特定計量証明事業とは，濃度，音圧レベルその他の物象の状態の量で

極めて微量のものの計量証明を行うために高度の技術を必要とするものとして政令で定める事業をいう。

エ　認定特定計量証明事業者が当該認定に係る事業の全部を譲渡したときは，その事業の全部を譲り受けた者は，その認定特定計量証明事業者の地位を承継する。

オ　認定特定計量証明事業者は，当該事業所において，経済産業省令で定める様式の標識を掲げることができる。

1　1個
2　2個
3　3個
4　4個
5　5個

―――――――――――――――――――

[題意]　認定特定計量証明事業（法第122条の二～同条の六）に関する問題。

[解説]　アは，法第121条の四（認定の更新）第1項のとおりで，正しい。

イは，法第121条の五（認定の取消し）で「経済産業大臣は，認定特定計量証明事業者が次の各号のいずれかに該当するときは，その認定を取り消すことができる。」とあるが，設問では「特定計量証明認定機関は，－中略－その認定を取り消すことができる。」とあるのが，誤り。

ウは，法第121条の二の前段の特定計量証明事業に係るかっこ書きの定義のとおりで，正しい。

エは，法第121条の六（準用）中，法第41条（承継）に係る法施行規則第49条の十（準用）の読替規定の適用により，正しい。

オは，法第121条の三（証明書の交付）第3項で「－前略－計量証明に係る証明書以外のものに，第1項の標章又はこれと紛らわしい標章を付してはならない。」とあるので，設問の「認定特定計量証明事業者は，当該事業所において，経済産業省令で定める様式の標章を掲げることができる」とあるのが，誤り。

[正解]　3

1. 計量関係法規

問 20

計量士に関する次の記述のうち，誤っているものを一つ選べ。

1. 経済産業大臣は，計量器の検査その他の計量管理を適確に行うために必要な知識経験を有する者を計量士として登録する。
2. 経済産業大臣は，計量士が不正の手段により計量士の登録を受けたときは，その登録を取り消し，又は1年以内の期間を定めて，計量士の名称の使用の停止を命ずることができる。
3. 計量士国家試験に合格した者が，計量士として経済産業大臣の登録を受けるためには，計量行政審議会の認定が必要である。
4. 計量士の登録を取り消された場合でも，再び登録申請をすることができる。
5. 計量士登録証の交付を受けた者は，登録が取り消されたときは，遅滞なく，その住所又は勤務地を管轄する都道府県知事を経由して，当該計量士登録証を経済産業大臣に返納しなければならない。

題意 計量士に係る登録等（法第122条～126条）についての問題。

解説 1 は，法第122条（登録）第1項のとおり，2 は，法第123条（登録の取消し等）第三号のとおり，4 は，法第122条第3項で登録を受けることができないとされている同項第一号および第二号の規定に適用されてその執行を受けることがなくなった日からまたはその取消しを受けた日から1年を経過すれば，登録を受けることができるので，5 は，法第126条で委任する法施行令第37条（計量士登録証の返納）のとおりで，正しい。

3 は，法第122条（登録）第2項第一号で国家試験合格者については，「実務経験その他の条件に適合する者」と規定しているが，設問の「計量行政審議会の認定が必要」とあるのは，同項第二号の「独立法人産業技術総合研究所が行う計量教習の課程を修了した者」の要件であるので，誤り。

正解 3

問 21

適正計量管理事業所に関する次の記述のうち，正しいものを一つ選べ。

1 適正計量管理事業所の指定の申請は，事業所単位ではなく企業単位であり，全国に二以上の事業所を有する企業はそれらを一括して本社所在地を管轄する都道府県知事又は特定市町村の長に申請しなければならない。
2 適正計量管理事業所の指定は，その事業所の所在地を管轄する都道府県知事又は特定市町村の長が行う。
3 国の事業所は，適正計量管理事業所の指定を受けることができない。
4 適正計量管理事業所の指定を受けるための申請書に記載することが必要な事項の一つとして，当該事業所で使用する特定計量器の名称，性能及び数，がある。
5 適正計量管理事業所の指定の申請をした者は，遅滞なく，当該事業所における計量管理の方法について経済産業大臣が行う検査を受けなければならない。

［題 意］ 適正計量管理事業所（法第127条〜130条）の指定などに関する問題。

［解 説］ 1は，法第127条（指定）第2項で「申請書を当該特定計量器を使用する事業所の所在地を管轄する都道府県知事（その所在地が特定市町村の区域にある場合にあっては，特定市町村の長）を経由して，経済産業大臣に提出しなければならない。」とあるので，設問の「－前略－事業所単位ではなく企業単位であり，－中略－一括して本社所在地を管轄する都道府県知事又は特定市町村の長に申請しなければならない。」とあるのが，誤り。

2は，法第127条第1項で，「経済産業大臣は，－中略－適正な計量管理を行うものについて，適正計量管理事業所の指定を行う。」と，法第168条の八で「この法律に規定する経済産業大臣の権限に属する事務の一部は，政令で定めるところにより，都道府県知事が行うことができる。」と，および法施行令第41条（都道府県が処理する事務）で「法第127条第1項，－中略－に規定する経済産業大臣の権限に属する事務は，都道府県知事が行うものとする。」とあるので，設問の「適正計量管理事業所の指定は，その事業所の所在地を管轄する都道府県知事又は特定市町村の

長が行う。」とある「特定市町村の長」が，誤り。

3 は，法第169条（権限の委任）で委任する法施行令第33条（権限の委任）第2項で「法第127条第1項－中略－の規定による経済産業大臣の権限であって，国の事業所に関するものは，経済産業局長が行うものとする。」とあるので，設問の「国の事業者は，適正計量管理事業所の指定を受けることができない。」とあるのが，誤り。

5 は，法第127条第3項で，「第1項の指定の申請をした者は，遅滞なく，当該事業所における計量管理の方法について，当該都道府県知事又は特定市町村の長が行う検査を受けなければならない。」とあるので，設問の「－前略－経済産業大臣が行う検査を受けなければならない。」とあるのが，誤り。

4 は，法第127条第2項のとおりで，正しい。

〔正解〕 **4**

問 22

適正計量管理事業所に関する次の記述のうち，正しいものを一つ選べ。

1 適正計量管理事業所の指定を受けた者は，当該適正計量管理事業所において，経済産業省令で定める様式の標識を掲げなければならない。

2 適正計量管理事業所においては，経済産業省令で定めるところにより，帳簿を備え，当該適正計量管理事業所で販売する特定商品に表示された特定物象量の誤差が量目公差の範囲にあるか否かの検査結果を記載し，これを保存しなければならない。

3 適正計量管理事業所の指定は，3年ごとにその更新を受けなければ，その期間の経過によって，その効力を失う。

4 適正計量管理事業所の指定を受けた者は，特定計量器に係る検定を行うことができる。

5 適正計量管理事業所の指定を受けた者がその指定に係る事業所において使用する特定計量器は，都道府県知事又は特定市町村の長が行う定期検査を受けることを要しない。

〔題 意〕 適正計量管理事業所（法第19条第2項，法第127条～133条）の指定を受けた者に関する問題。

〔解 説〕 1は，法第130条（標識）で，「法第127条第1項の指定を受けた者は，当該適正計量管理事業所において，経済産業省令で定める様式の標識を掲げることができる。」とあるので，設問の「－前略－標識を掲げなければならない。」とあるのが，誤り。

2は，法第129条（帳簿の記載）で，「法第127条第1項の指定を受けた者は，経済産業省令で定めるところにより，帳簿を備え，当該適正計量管理事業所において使用する特定計量器について計量士が行った検査の結果を記載し，これを保存しなければならない。」とあるので，設問の「－前略－販売する特定商品に表示された特定物象量の誤差が量目公差の範囲にあるか否かの検査結果を記載し，これを保存しなければならない。」とあるのが，誤り。

3は，計量法において，適正計量管理事業所の指定の有効期間については，定めていないので，誤り。

4は，法第19条（定期検査）第2項で「第127条第1項の指定を受けた者は，－中略－検査させなければならない。」とあるが，設問のように「特定計量器に係る検定を行うことができる。」とは規定していないので，誤り。

5は，法第19条（定期検査）第2項で「第127条第1項の指定を受けた者は，－中略－検査させなければならない。」と規定しているので，正しい。

〔正 解〕 5

〔問〕 23

特定標準器による校正等に関する次の記述のうち，正しいものを一つ選べ。

1 経済産業大臣は，計量器の標準となる特定の物象の状態の量を現示する計量器又はこれを現示する標準物質を製造するための器具，機械若しくは装置を指定するものとする。

2 経済産業大臣，日本電気計器検定所又は指定校正機関は，特定標準器による校正等を行ったときは，器差及び器差の補正の方法を記載した成績書を交付するものとする。

3 経済産業大臣，日本電気計器検定所又は指定校正機関は，特定標準器による校正等を行うことを求められたときは，いかなる場合であっても，特定標準器による校正等を行わなければならない。

4 指定校正機関の指定は，都道府県知事が定めるところにより，特定標準器による校正等を行おうとする者の申請により，その業務の範囲を限って行う。

5 指定校正機関の指定の基準の一つとして，特定標準器による校正等の業務を行う計量士が置かれていること，がある。

――――――――――――――――――――――――――――――

〔題意〕 特定標準器等による指定等（法第134〜142条）に関する問題。

〔解説〕 **2**は，法第136条第1項（証明書の交付等）で，「経済産業大臣，日本電気計器検定所又は指定校正機関は，特定標準器による校正等を行ったときは，経済産業省令で定める事項を記載し，経済産業省令で定める標章を付した証明書を交付するものとする。」とあるので，設問の「器差及び器差の補正の方法を記載した成績書を交付するものとする。」とあるのが，誤り。

3は，法第137条（特定標準器による校正等の義務）で，「経済産業大臣，日本電気計器検定所又は指定校正機関は，特定標準器による校正等を行うことを求められたときは，正当な理由がある場合を除き，特定標準器による校正等を行わなければならない。」とあるので，設問の「－前略－いかなる場合であっても，特定標準器による校正等を行わなければならない。」とあるのが，誤り。

4は，法第138条（指定の申請）で，「第135条第1項の指定は，経済産業省令で定めるところにより，特定標準器による校正等を行おうとする者の申請により，その業務の範囲を限って行う。」とあるので，設問の「指定校正機関の指定は，都道府県知事が定めるところにより，－後略－」とあるのが，誤り。

5は，法第140条（指定の基準）で，第一号から第四号までに指定の基準が定められているが，設問の「計量士が置かれていること，がある。」とあるのは，誤り。

1は，法第134条（特定標準器の指定）第1項（特定標準器の指定）のとおりで，正しい。

〔正解〕 **1**

問 24

計量法第143条第1項で定める計量器の校正等の事業を行う者の登録の有効期間として正しいものを，次の中から一つ選べ。

1　1年
2　2年
3　3年
4　4年
5　5年

[題意] 計量器の校正などを行う者の登録（法第143条〜第146条）などに関する問題。

[解説] 計量法第144条の二（登録の更新）で委任する法施行令第38条の二で「4年」と規定しているので，4が正しい。

[正解] 4

問 25

取引又は証明における法定計量単位による計量に計量器でないものを使用したことにより，計量法第16条第1項の規定に違反した者に適用される計量法における罰則等として正しいものを，次の中から一つ選べ。

1　6月以下の懲役若しくは50万円以下の罰金に処せられ，又はこれを併科される。
2　30万円以下の過料に処せられる。
3　1万円未満の科料に処せられる。
4　経済産業大臣によって業務停止を命令される。
5　計量法には当該者に対する罰則規定はなく，刑法の規定による処罰を受ける。

[題意] 特定計量器の使用の制限（法第16条）に係る罰則（法第172条）に関

する問題。

[解 説] 計量法第172条で,「次の各号のいずれかに該当する者は,6月以下の懲役若しくは50万円以下の罰金に処し,又はこれを併科する。」と規定し,同条第一号で,「第16条第1項から第3項まで,-後略-の規定に違反した者」とあるので,**1**が正しい。

[正 解] **1**

1.2 第60回（平成22年3月実施）

---- **問 1** ----

次の記述は，計量法第1条の目的に関するものであるが，空欄（ ア ）～（ ウ ）に入る語句の組合せとして正しいものを一つ選べ。

この法律は，（ ア ）の基準を定め，（ イ ）な計量の実施を確保し，もって（ ウ ）に寄与することを目的とする。

	（ ア ）	（ イ ）	（ ウ ）
1	計量	適正	経済の発展及び文化の向上
2	計量器	公正	産業の発展及び生活の質の向上
3	計量	公正	産業の発展及び学術の向上
4	計量	適正	産業の発展及び学術の向上
5	計量器	正確	経済の発展及び文化の向上

[題意] 法第1条の目的についての問題。

[解説] 計量法第1条の条文中（ア）は「計量」が，（イ）は「適正」が，（ウ）は「経済の発展及び文化の向上」が該当するので，**1**の組合せが正しい。

[正解] 1

---- **問 2** ----

計量法の定義等に関する次の記述の中から，誤っているものを一つ選べ。

1. 「計量器」とは，計量をするための器具，機械又は装置をいう。
2. 「証明」とは，公に又は業務上他人に一定の事実が真実である旨を表明することをいう。
3. 計量器の製造には，経済産業省令で定める改造は含まれない。
4. 「計量単位」とは，計量の基準となるものをいう。
5. 物象の状態の量には，加速度は含まれる。

[題意] 法第2条1項から5項までの計量法の定義などに関する問題。

解説 1, 2, 4 および 5 は，それぞれ，法第2条（定義等）第4項，第2項，第1項及び第1項第一号の条文のとおりで，正しい。

3 は，法第2条第5項前段で「この法律において計量器の製造には，経済産業省令で定める改造を含むものとし，」とあるので，設問の後段「経済産業省令で定める改造は含まれない。」とあるのは，誤り。

正解 3

問 3

非法定計量単位の使用の禁止が適用されない取引又は証明として誤っているものを次の中から一つ選べ。

1 計量法第2条第1項第2号に掲げられた物象の状態の量（繊度，比重その他の政令で定めるもの）についての取引又は証明
2 無償で行われる取引又は証明
3 輸出すべき貨物の取引又は証明
4 貨物の輸入に係る取引又は証明
5 日本国内に住所又は居所を有しない者その他の政令で定める者相互間及びこれらの者とその他の者との間における取引又は証明であって政令で定めるもの

題意 法第8条の非法定計量単位の使用の禁止に関する問題。

解説 1は，第8条（非法定計量単位の使用の禁止）第1項で，「法第2条第1項第一号」に掲げられた物象の状態の量についての使用禁止の規定であるので，「法第2条第1項第二号」に掲げられた物象の状態の量についての取引または証明は，適用されないので，正しい。3, 4 および 5 は，それぞれ法第8条第3項の一号から三号に該当するので同項の規定により正しい。

2 は，無償の取引および証明行為であっても，法第2条第2項の規定により，「取引・証明」にあたるので，誤り。

正解 2

---- 問 4 ----

計量法第2条第1項第1号に掲げる物象の状態の量の計量に使用する計量器であって非法定計量単位による目盛又は表記を付したものについて禁止されていることは，ア～オのうちいくつあるか，次の中から一つ選べ．

ア　製造
イ　販売
ウ　販売の目的で陳列
エ　所持
オ　輸出

1　1個
2　2個
3　3個
4　4個
5　5個

題意　法第9条の非法定計量単位による目盛等を付した計量器に係る禁止条項についての問題．

解説　法第9条中で「非法定計量単位による目盛又は表記を付したものは，販売し，又は販売の目的で陳列してはならない」と規定しているので，設問の「イ」および「ウ」が該当，それ以外は該当しないので，禁止されているのは，**2** の「2個」が正しい．

正解　2

---- 問 5 ----

次の記述は，商品の販売に係る計量に関するものであるが，ア～オの記述のうち，誤っているものがいくつあるか，次の中から一つ選べ．

ア　長さ，質量又は体積の計量をして販売するのに適する商品の販売の事業を行う者は，その長さ，質量又は体積を法定計量単位により示してその

商品を販売するように努めなければならない。

イ　計量法第12条第1項の政令で定める特定商品の販売の事業を行う者は，特定商品をその特定物象量を法定計量単位により示して販売するときは，量目公差を超えないように，その特定物象量の計量をしなければならない。

ウ　計量法第13条第1項の政令で定める特定商品の販売の事業を行う者は，その特定商品をその特定物象量に関し密封をするときは，量目公差を超えないようにその特定物象量の計量をして，その容器又は包装に経済産業省令で定めるところによりこれを表記しなければならない。

エ　計量法第13条第1項の政令で定める特定商品の輸入の事業を行う者は，その特定物象量に関し密封をされたその特定商品を輸入して販売するときは，その容器又は包装に，輸入の事業を行う者の氏名又は名称及び住所を付記しなくてもよい。

オ　密封とは，商品を容器に入れ，又は包装して，その容器若しくは包装又はこれらに付した封紙を破棄しなければ，当該物象の状態の量を増加し，又は減少することができないようにすることをいう。

1　1個
2　2個
3　3個
4　4個
5　5個

[題意]　法第11条から第14条までの商品の販売に係る計量に関する問題。

[解説]　「ア」から「ウ」および「オ」は，それぞれ法第11条，第12条および第13条の規定のとおりで，正しい。

「エ」は，法第14条（輸入した特定商品に係る特定物象量の表記）の規定で第13条の規定に準ずることとしているので，設問の後段「輸入の事業を行う者の氏名又は名称及び住所を付記しなくてもよい。」が誤りで，1の「1個」が正しい。

[正解]　1

---- 問 6 ----

計量法第18条で規定する特定の方法に従って使用し，又は特定の物若しくは一定の範囲内の計量に使用しなければ正確に計量をすることができない特定計量器として，政令で定められていないものを一つ選べ．
1 水道メーター
2 ガスメーター
3 燃料油メーター
4 騒音計
5 濃度計（酒精度浮ひょうを除く。）

[題意] 法第18条の特定計量器の使用方法などの制限に関する問題．

[解説] 1，2，3，5は，法第18条（使用方法等の制限）で委任する法施行令第9条別表第2で，5種類の特定計量器「一　水道メーター，温水メーター及び積算熱量計」，「二　燃料油メーター」，「三　ガスメーター」，「四　最大需要電力計，電力量計，無効電力量計」および「五　濃度計」について，使用液種，取り付け姿勢などの使用方法に関する制限が規定されている種類に該当する．
4は，同表に掲げられていない．

[正解] 4

---- 問 7 ----

指定定期検査機関に関する次の記述の中から，誤っているものを一つ選べ．
1 指定定期検査機関は，経済産業省令で定めるところにより，帳簿を備え，定期検査に関し経済産業省令で定める事項を記載し，これを保存しなければならない．
2 指定定期検査機関の指定は，3年を下らない政令で定める期間ごとにその更新を受けなければ，その期間の経過によって，その効力を失う．
3 指定定期検査機関は，検査業務を適確かつ円滑に行うに必要な経理的基礎を有するものであること．

4 指定定期検査機関は，毎事業年度開始前に，その事業年度の事業計画及び収支予算を作成し，都道府県知事又は特定市町村の長に提出しなければならない。これを変更しようとするときも，同様とする。

5 指定定期検査機関は，検査業務に関する規程（業務規程）を定め，都道府県知事又は特定市町村の長に届け出なければならない。これを変更しようとするときも，同様とする。

【題意】 指定定期検査機関に関する問題。

【解説】 1～4は，それぞれ法第31条（帳簿の記載），法第28条の二（指定の更新），第28条第五号および第33条第1項（事業計画等）の規定のとおりで，正しい。
5は，法第30条（業務規程）第1項で，「都道府県知事又は特定市町村の長の認可を受けなければならない。」とあるので，「届け出なければならない。」とあるのは誤り。

【正解】 5

問 8

特定計量器の製造又は修理に関する次の記述の中から，正しいものを一つ選べ。

1 電気計器以外の特定計量器の製造の事業を行おうとする者は，あらかじめ，市町村を経由して都道府県知事に届け出なければならない。

2 特定計量器の製造の事業を行おうとする者は，自己が取引又は証明における計量以外にのみ使用する特定計量器を製造する場合であっても，その事業の届出をしなければならない。

3 電気計器以外の特定計量器の届出修理事業者は，届出に係る事項（事業の区分に係るものを除く。）に変更があったときは，遅滞なく，その旨を経済産業大臣に届け出なければならない。

4 届出製造事業者は，その届出に係る事業を廃止しようとするときは，経済産業省令で定めるところにより，あらかじめ，その旨を経済産業大臣に

届け出なければならない。
5　届出製造事業者又は届出修理事業者は，特定計量器の修理をしたときは，経済産業省令で定める基準に従って，当該特定計量器の検査を行わなければならない。

題意　特定計量器の届出製造・修理事業者に関する問題。
解説　**1**は，法第40条（事業の届出）第1項および第2項で「都道府県知事を経由して経済産業大臣に」とあるので，「市町村を経由して都道府県知事に」とあるのは，誤り。

2は，法第40条第1項前段のかっこ書きで（自己が取引又は証明における計量以外にのみ使用する特定計量器の製造の事業を行う者を除く。）とあるので，誤り。

3は，届出修理事業者の変更届出に関する規定は，法第46条第2項で，「第42条第1項及び第2項並びに前条第1項の規定は，前項の規定による届出をした者（以下「届出修理事業者」という。）に準用する。」とあり，「この場合において，第42条（変更の届出等）第1項及び前条第1項中「経済産業大臣」とあるのは，「都道府県知事（電気計器の届出修理事業者にあっては，経済産業大臣）」と読み替えるものとする。」とあるので，「電気式以外の…に変更があったときは，…経済産業大臣に」とあるのは，誤り。

4は，法第45条（廃止の届出）で，「その届出に係る事業を廃止したときは，遅滞なく，その旨を経済産業大臣に届け出なければならない。」とあるので，「事業を廃止しようとするときは，経済産業省令で定めるところにより，あらかじめ，その旨を…」とあるのは，誤り。

5は，法第47条（検査義務）の規定のとおりで，正しい。
[正解]　5

------ **問 9** ------

特定計量器の販売に関する次の記述の中から，正しいものを一つ選べ。
1　政令で定める特定計量器の販売（輸出のための販売を除く。）の事業を行おうとする者は，事業の区分に従い，あらかじめ，氏名又は名称等を，

当該特定計量器の販売をしようとする営業所の所在地を管轄する都道府県知事を経由して，経済産業大臣に届け出なければならない。
2 販売（輸出のための販売を除く。）の事業の届出が必要となる特定計量器は，非自動はかり（政令で定める特定計量器を除く。），分銅及びおもりのみである。
3 届出製造事業者又は届出修理事業者は，その届出に係る特定計量器であってその者が製造又は修理をしたものの販売の事業を行おうとする場合であっても，その販売の事業の届出をしなければならない。
4 販売事業者は，その届出に係る事業を廃止しようとするときは，あらかじめ，その旨を届け出なければならない。
5 販売事業者は，その届出に係る事項（事業の区分に係るものを除く。）に変更があったときは，遅滞なく，その旨を経済産業大臣に届け出なければならない。

【題意】 特定計量器の販売事業届出に関する問題。

【解説】 1は，法第51条で，「当該特定計量器の販売をしようとする営業所の所在地を管轄する都道府県知事に届け出なければならない。」とあるので，「管轄する都道府県知事を経由して，経済産業大臣に」とあるのは，誤り。

3は，法第51条のただし書きで，「ただし，届出製造事業者又は届出修理事業者が第40条第1項又は第46条第1項の規定による届出に係る特定計量器であってその者が製造又は修理をしたものの販売の事業を行おうとするときは，この限りでない。」とあるので，「その届出に係る特定計量器であってその者が製造又は修理をしたものの販売の事業を行おうとする場合であっても，」届出が必要とあるのは，誤り。

4は，法51条第2項で準用する法第45条第1項で，「その届出に係る事業を廃止したときは，遅滞なく，その旨を届け出なければならない。」とあるので，「事業を廃止しようとするときは，あらかじめ，その旨を」とあるのは，誤り。

5は，法51条第2項で，「第42条第1項の規定は，前項の規定による届出をした者に準用する。」とし，「この場合において，第42条第1項中「経済産業大臣」とあるのは，「都道府県知事」と読み替えるものとする。」とあるので，「変更があっ

たときは，…経済産業大臣に」とあるのは，誤り。

2は，法第51条で委任する計量法施行令第13条の規定のとおりで，正しい。

【正解】 2

問 10

次の記述は，計量法第72条の検定証印に関するものであるが，空欄（ ア ）～（ エ ）に入る語句の組合せとして正しいものを一つ選べ。

（ ア ），使用条件，使用状況等からみて，検定について（ イ ）を定めることが適当であると認められるものとして政令で定める特定計量器の検定証印の（ イ ）は，その政令で定める（ ウ ）とし，その（ エ ）を検定証印に表示するものとする。

	（ア）	（イ）	（ウ）	（エ）
1	構造	有効期限	期限	満了の年月日
2	型式	有効期間	期間	満了の年月日
3	型式	有効期限	期限	満了の年
4	構造	有効期間	期間	満了の年月
5	性能	有効期間	期間	満了の年月

【題意】 特定計量器の検定証印の有効期間に関する問題。

【解説】 法第72条第3項で，「構造，使用条件，使用状況等からみて，検定について有効期間を定めることが適当であると認められるものとして政令で定める特定計量器の検定証印の有効期間は，その政令で定める期間とし，その満了の年月を検定証印に表示するものとする。」とあるので，（ア）は，「構造」が，（イ）は，「有効期間」が，（ウ）は，「期間」が，（エ）は，「満了の年月」がそれぞれ該当するので，4の組合せが正しい。

【正解】 4

問 11

次の記述は，計量法第76条第1項の規定であるが，空欄（ ア ）～（ ウ ）に入る語句の組合せとして正しいものを一つ選べ。

届出（ ア ）事業者は，その（ ア ）する特定計量器の型式について，政令で定める区分に従い，（ イ ）の（ ウ ）を受けることができる。

	（ア）	（イ）	（ウ）
1	修理	経済産業大臣又は都道府県知事	承 認
2	製造	経済産業大臣又は日本電気計器検定所	承 認
3	製造	経済産業大臣又は都道府県知事	登 録
4	修理	経済産業大臣又は日本電気計器検定所	登 録
5	製造	経済産業大臣又は都道府県知事	承 認

［題 意］ 届出製造事業者が製造する特定計量器の型式承認に関する問題。

［解 説］ 法第76条で，「届出製造事業者は，その製造する特定計量器の型式について，政令で定める区分に従い，経済産業大臣又は日本電気計器検定所の承認を受けることができる。」とあるので，（ア）は，「製造」が，（イ）は，「経済産業大臣又は日本電気計器検定所」が，（ウ）は，「承認」が該当するので，**2** の組合せが正しい。

［正 解］ 2

問 12

指定製造事業者に関する次の記述の中から，正しいものを一つ選べ。

1　指定製造事業者は，経済産業省令で定めるところにより，その指定に係る工場又は事業場において製造する計量法第76条第1項の承認に係る型式に属する特定計量器（あらかじめ都道府県知事に届け出た輸出のため製造されるもの，及び試験的に製造されるものは除く。）について，検査を行い，その検査記録を作成し，これを保存しなければならない。

2　指定製造事業者は，その指定に係る申請書に記載した品質管理の方法に

関する事項を変更しようとするときは，あらかじめ，その旨を特定市町村の長に届け出なければならない。

3　都道府県知事は，当該指定の申請に係る工場又は事業場における品質管理の方法が経済産業省令で定める基準に適合すると認められるときでなければ，その指定をしてはならない。

4　指定製造事業者の指定は，届出製造事業者又は外国製造事業者の申請により，経済産業省令で定める事業の区分に従い，その工場又は事業場を管轄する都道府県知事が行う。

5　指定を受けようとする外国製造事業者は，氏名又は名称及び住所等，事業の区分，製造開始年月日並びに品質管理の方法に関する事項を記載した申請書を経済産業大臣に提出しなければならない。

【題意】指定製造事業者の指定などに関する問題。

【解説】2は，第94条で，「指定製造事業者は，…に変更があったときは，遅滞なく，その旨を経済産業大臣に届け出なければならない。」とあるので，「特定市町村の長に届け出」とあるのは，誤り。

3は，法92条（指定の基準）第2項で，「経済産業大臣は，－中略－　品質管理の方法が経済産業省令で定める基準に適合すると認めるときでなければ，その指定をしてはならない。」とあるので，「都道府県知事は，」とあるのは，誤り。

4は，法第90条で省令委任する事業の区分により，その工場又は事業場ごとに指定するものとし，法91条で，指定申請は，経済産業大臣に提出することとし，法92条（指定の基準）第2項で，「経済産業大臣は，－中略－　品質管理の方法が経済産業省令で定める基準に適合すると認めるときでなければ，その指定をしてはならない。」としているので，「－前略－　その工場又は事業場を管轄する都道府県知事が行う。」とあるのは，誤り。

5は，法101条で「－前略－　指定を受けようとする外国製造事業者は，第91条第1項第一号から第三号まで及び第五号の事項を記載した申請書を経済産業大臣に提出しなければならない。」とあるので，「第四号の製造開始年月日」は含まれていないので，誤り。

1は，法第95条第2項の規定のとおりで，正しい。

[正解] 1

[問] 13

基準器検査に関する次の記述の中から，誤っているものを一つ選べ。

1 基準器検査の合格条件は，基準器検査を行った計量器の構造が経済産業省令で定める技術上の基準に適合し，かつ，その器差が経済産業省令で定める基準に適合することである。

2 基準器検査は，政令で定める区分に従い，経済産業大臣，都道府県知事又は日本電気計器検定所が行う。

3 基準器検査は，希望すれば誰でも申請により受検することができる。

4 基準器検査証印の有効期間は，計量器が基準器検査に合格したときに交付される基準器検査成績書に記載される。

5 基準器を譲渡し，又は貸し渡すときは，基準器検査成績書をともにしなければならない。

[題意] 基準器検査に関する問題。

[解説] **1**は，法第103条（基準器検査の合格条件）第1項のとおり，**2**は，法第102条のとおり，**4**は，法第105条第1項のとおり，**5**は，法第105条第4項の規定のとおりで，それぞれ正しい。

3は，法第102条（基準器検査）第2項で，「基準器検査を行う計量器の種類及びこれを受けることができる者は，経済産業省令で定める。」とあり，受検できる者は基準器検査規則第条別表で規定されているので，「希望すれば誰でも申請により受検することができる。」とあるのは，誤り。

[正解] 3

[問] 14

指定検定機関に関する次の記述の中から，誤っているものを一つ選べ。

1 指定検定機関は，検定を行う事業所の所在地を変更しようとするときは，

変更しようとする日の2週間前までに，経済産業大臣に届け出なければならない。

2 指定検定機関の指定の有効期間は3年である。

3 計量法第106条第3項において準用される計量法第38条の規定により指定を取り消され，その取消しの日から3年を経過しない者は，指定検定機関の指定を受けることができない。

4 指定検定機関の指定は，経済産業大臣が行う。

5 指定検定機関の業務規程で定めるべき事項は，経済産業省令で定める。

[題 意] 指定検定機関に関する問題。

[解 説] 1は，第106条第2項のとおり，2は，第106条第3項で準用する法第28条の二第1項の政令委任のとおり，4は，第106条第3項で準用する法第28条第1項に係る「都道府県知事又は特定市町村の長とあるのは，経済産業大臣と読み替える。」のとおり，5は，第106条第3項で準用する法第30条第2項のとおりで，正しい。

3は，第106条第3項で準用する法第27条（欠格条項）第二号で，「法第38条の規定により指定を取り消され，その取消しの日から2年を経過しない者は，」とあるので，「3年を経過しない者は，」とあるのは，誤り。

[正 解] 3

[問] 15

計量証明の事業に関する次のア～オの記述のうち，正しいものがいくつあるか，次の中から一つ選べ。

ア 計量証明の事業の登録を受けた者は，その登録に係る計量管理規程を作成し，その登録を受けた後，遅滞なく，都道府県知事に届け出なければならない。

イ 計量証明の事業の登録を要しない独立行政法人は，独立行政法人労働安全衛生総合研究所，独立行政法人産業技術総合研究所，独立行政法人製品評価技術基盤機構及び独立行政法人国立環境研究所の4法人である。

ウ　計量証明の事業の登録には，有効期間の定めはない。

エ　計量証明事業者は，その計量証明の事業について計量証明を行ったときは，経済産業省令で定める事項を記載し，経済産業省令で定める標章を付した証明書を交付することができる。

オ　計量証明の事業の登録を受けようとする者が，申請書に記載しなければならない事項の一つとして，事業の区分に応じて経済産業省令で定める計量士の住所及び氏名，がある。

1　1個
2　2個
3　3個
4　4個
5　5個

【題意】計量証明事業に関する問題。

【解説】アは，法第110条第1項で，「第107条の登録を受けた者は，－中略－経済産業省令で定める事項を記載した事業規程を作成し，その登録を受けた後，遅滞なく，都道府県知事に届け出なければならない。」とあるので，「計量管理規程を」とあるのは，誤り。イは，第107条で委任する政令第26条の二とおりで，正しい。ウは，法で登録の有効期間を定めた規程はないので，正しい。エは，法第110条の二第1項の規程のとおりで，正しい。オは，法第108条第五号で「その事業に係る業務に従事する者であって次に掲げるものの氏名（イに掲げるものにあっては，氏名及びその登録番号）及びその職務の内容」とあるので，「計量士の住所及び氏名」とあるのは，誤り。

したがって，3の3個が正しい。

【正解】3

【問】16

次の記述は，計量証明検査に関するものであるが，空欄（ア）～（ウ）に入る語句の組合せとして正しいものを一つ選べ。

計量証明検査の合格条件は，検定証印等（政令で有効期間が定められている特定計量器にあっては，有効期間を経過していないものに限る。）が付されていること，その（　ア　）が経済産業省令で定める技術上の基準に適合すること，その器差が経済産業省令で定める使用公差を超えないこと，である。

計量証明検査に合格した特定計量器には，経済産業省令で定めるところにより，計量証明検査済証印を付し，（　イ　）を表示する。

計量証明検査に合格しなかった特定計量器に（　ウ　）が付されているときは，その（　ウ　）を除去する。

	（ア）	（イ）	（ウ）
1	構造	その計量証明検査を行った年	計量証明検査済証印
2	性能	次回の計量証明検査の年月日	計量証明検査済証印
3	構造	その計量証明検査を行った年月	検定証印等
4	性能	その計量証明検査を行った年月	検定証印等
5	構造	次回の計量証明検査の年月日	計量証明検査済証印

［題意］ 計量証明検査の合格条件に関する問題。

［解説］ （ア）は，法第118条（計量証明検査の合格条件）第二号から「性能」が，（イ）は，法第119条第2項から「その計量証明検査を行った年月」が，（ウ）は，法第118条第一号から「検定証印等」が該当するので，**4**の組合せが正しい。

［正解］ 4

---- **［問］17** ----

計量証明検査に関する次の記述の中から，誤っているものを一つ選べ。

1 適正計量管理事業所の指定を受けた計量証明事業者がその指定に係る事業所において使用する特定計量器は，計量証明検査を受ける必要はない。

2 計量証明事業者は，計量証明に使用する皮革面積計について，2年ごとに計量証明検査を受けなければならない。

3 計量証明検査を受けなければならない特定計量器には，検定を行った年

月又は基準適合証印を付した年月の翌月1日から起算して特定計量器ごとに政令で定める期間を経過しない検定証印等が付されているものは含まれない。

4 都道府県知事は，その指定する者（指定計量証明検査機関）に，計量証明検査を行わせることができる。

5 指定計量証明検査機関の指定は，3年ごとに更新を受けなければその効力を失う。

〔題 意〕 計量証明検査，指定計量証明検査機関などに関する問題。

〔解 説〕 **1**は，法第116条第1項第二号のとおり，**3**は，法第116条第1項第一号のとおり，**4**は，法第117条第1項のとおり，**5**は，法第121条第2項で準用する法第28条の二のとおりで，それぞれ正しい。

2は，計量法施行令第29条第1項別表第五で，「1年」とあるので，「2年ごとに」とあるのは，誤り。

〔正 解〕 **2**

〔問〕 **18**

次の記述は，計量法第121条の3で規定されている特定計量証明事業に係る証明書の交付に関するものであるが，ア～エの記述のうち，正しいものがいくつあるか，次の中から一つ選べ。

ア 認定特定計量証明事業者は，認定を受けた事業の区分に係る計量証明を行ったときは，経済産業省令で定める事項を記載し，経済産業省令で定める標章を付した証明書を交付しなければならない。

イ 特定計量証明認定機関は，認定を受けた事業の区分に係る計量証明を行ったときは，経済産業省令で定める事項を記載し，経済産業省令で定める標章を付した証明書を交付することができる。

ウ 何人も，認定特定計量証明事業者が認定を受けた事業の区分に係る計量証明を行った場合を除くほか，計量証明に係る証明書に経済産業省令で

定める標章又はこれと紛らわしい標章を付してはならない。
　エ　認定特定計量証明事業者は，計量証明に係る証明書以外のものに，経済産業省令に定める標章又はこれと紛らわしい標章を付してはならない。
1　0個
2　1個
3　2個
4　3個
5　4個

〔題　意〕 特定計量証明事業および特定計量証明認定機関に関する問題。

〔解　説〕 アは，第121条の三第1項で，「－前略－　経済産業省令で定める標章を付した証明書を交付することができる。」とあるので，「交付しなければならない。」とあるのは，誤り。イの特定計量証明認定機関は，経済産業大臣によって指定され，「特定計量証明事業者」としての技術要件等の適合性を認定する機関であるので，設問の「認定を受けた事業の区分に係る計量証明を行ったときは，経済産業省令で定める事項を記載し，経済産業省令で定める標章を付した証明書を交付することができる。」とあるのは，誤り。ウは，第121条の三第2項のとおりで，エは，第121条の三第3項のとおりで，正しい。したがって，**3** の2個が正しい。

〔正　解〕 3

----- **問** 19 -----

特定計量証明事業に関する次の記述の中から，誤っているものを一つ選べ。
　1　特定計量証明事業を行おうとする者は，経済産業省令で定める事業の区分に従い，経済産業大臣又は経済産業大臣が指定した者に申請して，その事業が計量法に定める認定要件に適合している旨の認定を受けることができる。
　2　特定計量証明事業を行おうとする者の認定は，3年を下らない政令で定める期間ごとにその更新を受けなければ，その期間の経過によって，その効力を失う。

3 経済産業大臣は，認定特定計量証明事業者が不正の手段により認定の更新を受けた場合，その認定を取り消すことはできないが，特定計量証明事業を一定期間停止させることはできる。

4 認定特定計量証明事業者がその認定に係る事業の全部を譲渡したときは，その事業の全部を譲り受けた者は，その認定特定計量証明事業者の地位を承継する。

5 認定特定計量証明事業者は，その認定に係る事業を廃止したときは，遅滞なく，その旨を経済産業大臣に届け出なければならない。

──────────────────────────────

〔題意〕 特定計量証明事業者に関する問題。

〔解説〕 1は，法第121条の二（認定）のとおり，2は，法第121条の四のとおり，4は，法第121条の六で準用する法第41条のとおり，5は，法第121条の六のとおりで，正しい。

3は，法第121条の五で，「経済産業大臣は，認定特定計量証明事業者が次の各号のいずれかに該当するときは，その認定を取り消すことができる。」とあるので，「−前略− その認定を取り消すことはできないが，」とあるのは，誤り。

〔正解〕 3

──── 問 20 ────

計量士に関する次の記述の中から，正しいものを一つ選べ。

1 計量士でない者であっても，計量士の補助者として計量の実務に従事している場合は，計量士の名称を用いることができる。

2 経済産業大臣は，計量士が特定計量器の検査の業務について不正の行為をしたときは，その登録を取り消し，又は2年以内の期間を定めて，計量士の名称の使用の停止を命ずることができる。

3 経済産業大臣又は都道府県知事若しくは特定市町村の長は，計量法の施行に必要な限度において，政令で定めるところにより，計量士に対し，その業務に関し報告させることができる。

4 計量士の登録を受けようとする者は，必ず計量士国家試験に合格しなけ

ればならない。

　5　計量士の登録は，計量士として業務を行う地域を管轄する都道府県知事が行う。

〔題意〕 計量士の登録，計量士の業務などに関する問題。

〔解説〕 1は，法第124条で「計量士でない者は，計量士の名称を用いてはならない。」とあるので，「計量士の名称を用いることができる。」とあるのは，誤り。

　2は，法第123条で「経済産業大臣は，-中略- その登録を取り消し，又は一年以内の期間を定めて，計量士の名称の使用の停止を命ずることができる。」とあるので，「2年以内の期間を定めて，」とあるのは，誤り。

　4は，法第122条第2項第二号で，「独立行政法人産業技術総合研究所が行う第百六十六条第一項の教習の課程を修了し，-中略- 適合する者であって，計量行政審議会が前号に掲げる者と同等以上の学識経験を有すると認めた者」とあるので，「必ず計量士国家試験に合格しなければならない。」とあるのは，誤り。

　5は，法第122条第1項で，「経済産業大臣は，-中略- 知識経験を有する者を計量士として登録する。」とあるので，「計量士の登録は，-中略- 都道府県知事が行う。」とあるのは，誤り。

　3は，法第147条第1項の規定のとおりで，正しい。

〔正解〕 3

問 21

次の記述は，計量法第25条に関するものであるが，空欄（　ア　）～（　ウ　）に入る語句の組合せとして正しいものを一つ選べ。

　計量士は，都道府県知事又は特定市町村の長が行う（　ア　）に代わる検査を行い，その特定計量器が合格条件に適合するときは，経済産業省令で定めるところにより，その旨を記載した証明書を（　イ　）に（　ウ　）ことができる。

	（ア）	（イ）	（ウ）
1	計量証明検査	都道府県知事又は特定市町村の長	交付する
2	検定	その特定計量器を使用する者	届け出る

3	検定	都道府県知事又は特定市町村の長	届け出る
4	定期検査	その特定計量器を使用する者	交付する
5	定期検査	都道府県知事又は特定市町村の長	交付する

[題意] 計量士が行う代検査に関する問題。

[解説] 法第25条で，（ア）は，「定期検査」，（イ）は，「その特定計量器を使用する者」，（ウ）は，「交付する」とあるので，4の組合せが正しい。

[正解] 4

[問] 22

適正計量管理事業所に関する次の記述の中から，誤っているものを一つ選べ。

1　適正計量管理事業所の指定を受けるための申請書に記載することが必要な事項の一つとして，当該事業所で使用する特定計量器の検査を行う計量士の氏名，登録番号及び計量士の区分，がある。

2　適正計量管理事業所の指定の申請をした者は，遅滞なく，当該事業所における計量管理の方法について，計量士による検査を受けなければならない。

3　適正計量管理事業所の指定を受けた者がその指定に係る事業所において使用する特定計量器については，都道府県知事（その所在地が特定市町村の区域にある場合にあっては，特定市町村の長）が行う定期検査を受ける必要はない。

4　適正計量管理事業所の指定を受けた者は，当該適正計量管理事業所において，経済産業省令で定める様式の標識を掲げることができる。

5　経済産業大臣は，指定を受けた適正計量管理事業所が指定の基準に適合しなくなったと認めるときは，その者に対し，その基準に適合するために必要な措置をとるべきことを命ずることができる。

[題意] 適正計量管理事業所の指定などに関する問題。

[解 説] **1**は，法第127条（指定）第1項のとおり，**3**は，法第19条第2項のとおり，**4**は，法第130条（標識）第1項のとおり，**5**は，法第131条（適合命令）の規定のとおりで，それぞれ正しい。**2**は，法第127条第3項で，「－前略－　当該事業所における計量管理の方法について，当該都道府県知事又は特定市町村の長が行う検査を受けなければならない。」とあるので，「－前略－　計量士が行う検査を受けなければならない。」とあるのは，誤り。

[正 解] 2

[問] 23

特定標準器による校正等を行う指定校正機関に関する次の記述の中から，誤っているものを一つ選べ。

1　指定校正機関は，特定標準器による校正等を行うことを求められたときは，正当な理由がある場合を除き，特定標準器による校正等を行わなければならない。

2　指定校正機関は，経済産業大臣が指定する。

3　指定校正機関は，特定標準器による校正等を行ったときは，経済産業省令で定める事項を記載し，経済産業省令で定める標章を付した証明書を交付するものとする。

4　指定校正機関の指定の基準には，計量士として登録された者を置く規定はない。

5　経済産業大臣は，指定校正機関の職員に，登録事業者（計量法第143条の登録を受けた者）への立入検査を行わせることができる。

[題 意]　特定標準器による校正などに関する問題。

[解 説]　**1**は，法第137条のとおりで，正しい。**2**は，法第135条で，「日本電気計器検定所又は経済産業大臣が指定した者（以下「指定校正機関」という。）」とあるので正しい。**3**は，法第136条第1項のとおりで，正しい。**4**は，法第140条（指定の基準）各号および同条で委任する関係省令において，計量士の必置条項はないので，正しい。

5 は，法第148条各項で，「登録事業者」への立ち入り検査を行うことができる職員として「指定校正機関の職員」は規定されていないので，誤り。

[正解] 5

[問] 24

次の記述は，計量法第143条第2項第1号の規定であるが，空欄（ ア ）〜（ ウ ）に入る語句の組合せとして正しいものを一つ選べ。

（ ア ）による校正等をされた計量器若しくは（ イ ）又はこれらの計量器若しくは（ イ ）に（ ウ ）して段階的に計量器の校正等をされた計量器若しくは（ イ ）を用いて計量器の校正等を行うものであること。

	（ ア ）	（ イ ）	（ ウ ）
1	特定計量器	特定標準物質	連続
2	特定計量器	標準物質	連鎖
3	特定標準器	標準物質	連鎖
4	特定計量器	標準物質	連続
5	特定標準器	特定標準物質	連鎖

[題意] 特定標準器以外の計量器による校正に関する問題。

[解説] 法第143条第2項第一号で，（ア）は，「特定標準器」，（イ）は，「標準物質」，（ウ）は，「連鎖」が，それぞれ該当するので，**3**の組合せが正しい。

[正解] 3

[問] 25

計量法の立入検査，罰則等に関する次の記述の中から，誤っているものを一つ選べ。

1 　特定市町村の長は，その職員に，取引又は証明における法定計量単位による計量に使用されている特定計量器（計量法第16条第1項の政令で定めるものを除く。）を検査させた場合において，その特定計量器の性能が

経済産業省令で定める技術上の基準に適合しないときは，その特定計量器に付されている検定証印等を除去することができる。
2 　立入検査をする職員は，その身分を示す証明書を携帯し，関係者に提示しなければならない。
3 　計量士でない者が計量士の名称を用いても，経済産業大臣又は都道府県知事若しくは特定市町村の長から勧告を受けるだけで，罰金には処せられない。
4 　取引又は証明における法定計量単位による計量に計量器でないものを使用した場合，懲役若しくは罰金に処せられ，又はこれを併科される。
5 　特定市町村の長は，計量法の施行に必要な限度において，政令で定めるところにより，取引若しくは証明における計量をする者に対し，その業務に関し報告させることができる。

【題意】 法第147条（報告の徴収）から罰則に関する問題。

【解説】 **1**は，法第151条第1項の規定のとおり，**2**は，法第148条第4項の規定のとおり，**4**は，法第172条第二号の規定のとおり，**5**は，法第147条第1項の規定のとおりで，それぞれ正しい。

3は，法第124条（名称の使用制限）に違反した場合，法第173条第一号に該当する者は「50万円以下の罰金に処する。」とあるので，「勧告を受けるだけで，罰金には処せられない。」とあるのは，誤り。

【正解】 3

50　　1. 計 量 関 係 法 規

1.3　第 61 回（平成 23 年 3 月実施）

問 1

計量法の目的及び用語の定義に関する次の記述のうち，正しいものを一つ選べ。

1　「取引」とは，物又は役務の給付を目的とする業務上の行為であり，無償の場合は，取引に該当しない。
2　「計量単位」とは，計量の基準となるものをいう。
3　計量法は，計量器の基準を定め，公正な計量の実施を確保し，もって産業の発展及び生活の質の向上に寄与することを目的とする。
4　取引若しくは証明における計量に使用される計量器は，「特定計量器」に該当し，主として一般消費者の生活の用に供される計量器は，「特定計量器」に該当しない。
5　「計量器の校正」とは，適正な計量を行うために計量器を調整することをいう。

題意　法第 1 条の「目的」および第 2 条の「定義」についての問題。

解説　1 は，法第 2 条第（定義等）2 項で「この法律において「取引」とは，有償であると無償であるとを問わず，物又は役務の給付を目的とする業務上の行為をいい，」とあるので，「無償の場合は，取引に該当しない。」とあるのは，誤り。

3 は，法第 1 条（目的）の後段で「適正な計量の実施を確保し，経済の発展及び文化の向上に寄与する」とあるので，「公正な計量の実施を確保し，産業の発展及び生活の質の向上に寄与する」とあるのは，誤り。

4 は，法第 2 条第 4 項で「取引若しくは証明における計量に使用され，又は主として一般消費者の生活の用に供される計量器のうち，適正な計量の実施を確保するためにその構造又は器差に係る基準を定める必要があるものとして政令で定めるものをいう。」とあるので，「主として一般消費者の生活の用に供される計量器は，「特定計量器」に該当しない。」とあるのは，誤り。

5 は，法第 2 条第 7 項で，「その計量器の表示する物象の状態の量と第 134 条第 1

項の規定による指定に係る計量器 －中略－ 製造される標準物質が現示する計量器の標準となる特定の物象の状態の量との差を測定することをいう。」とあるので，「計量器を調整することをいう。」とあるのは，誤り。

2は，法第2条第1項のとおりで，正しい。

[正 解] 2

----- [問] 2 -----

次のア～オのうち，物象の状態の量に対する法定計量単位として，誤っているものを含むものがいくつあるか，次の中から一つ選べ。

　　　＜物象の状態の量＞　　＜法定計量単位＞
ア　時間　　　　　　　秒，分，時
イ　質量　　　　　　　キログラム又はキロ，グラム，トン
ウ　温度　　　　　　　ケルビン，セルシウス度又は度
エ　光度　　　　　　　カンデラ
オ　体積　　　　　　　立方メートル，リットル，シーシー
1　1個
2　2個
3　3個
4　4個
5　5個

[題 意] 物象の状態の量と法定計量単位についての問題。

[解 説] 法第3条（国際単位系に係る計量単位）に規定する「物象の状態の量」と「法定計量単位」については，法3条別表第一に掲げられ，ア，ウ，エは，別表第一のとおりで，正しい。

イの「又はキロ」およびオの「シーシー」は同表に含まれていないので，誤り。

したがって，誤った記述は2個となるので，2が正しい。

[正 解] 2

問 3

次の記述は，計量法第9条の規定であるが，（ ア ）及び（ イ ）に入る語句の組合せとして正しいものを一つ選べ。

第9条第2条第1項第1号に掲げる物象の状態の量の計量に使用する計量器であって非法定計量単位による目盛又は表記を付したものは，（ ア ）てはならない。第5条第2項の政令で定める計量単位による目盛又は表記を付した計量器であって，専ら同項の政令で定める特殊の計量に使用するものとして経済産業省令で定めるもの以外のものについても，同様とする。

2 前項の規定は，輸出すべき計量器その他の政令で定める計量器（ イ ）。

	（ ア ）	（ イ ）
1	取引又は証明に用い	については，適用しない
2	取引又は証明に用い	についても，同様とする
3	取引又は証明に用い	については，経済産業省令で定める
4	販売し，又は販売の目的で陳列し	については，適用しない
5	販売し，又は販売の目的で陳列し	についても，同様とする

題意 非法定計量単位による目盛等を付した計量器についての問題。

解説 法第9条の条文中（ ア ）に相当する部分は，「販売し，又は販売の目的で陳列し」と，（ イ ）に相当する部分は，「については，適用しない」とあるので，4の組合せが正しい。

正解 4

問 4

次の記述は，計量法第10条の規定であるが，（ ア ）〜（ ウ ）に入る語句の組合せとして正しいものを一つ選べ。

第10条 物象の状態の量について，法定計量単位により取引又は証明における計量をする者は，（ ア ）その物象の状態の量の計量をするように努めなければならない。

2 都道府県知事又は政令で定める市町村若しくは特別区(以下「特定市町村」という。)の長は，前項に規定する者が同項の規定を遵守していないため，適正な計量の実施の確保に（ イ ）と認めるときは，その者に対し，必要な措置をとるべきことを勧告することができる。ただし，第15条第1項の規定により勧告することができる場合は，この限りでない。

3 都道府県知事又は特定市町村の長は，前項の規定による勧告をした場合において，その勧告を受けた者がこれに従わなかったときは，（ ウ ）することができる。

	（ ア ）	（ イ ）	（ ウ ）
1	適確に	危険が及んでいる	その旨を公表
2	より適確に	重大な危機が発生している	これに従うべき旨を命令
3	正確に	重大な危機が発生している	営業の全部又は一部の停止を命令
4	正確に	著しい支障を生じている	その旨を公表
5	より正確に	著しい支障を生じている	これに従うべき旨を命令

【題意】 法定計量単位により取引または証明における計量をする者に対する正確計量の努力義務規定についての問題。

【解説】 法第10条第1項の条文中（ ア ）に相当する部分は，「正確に」と，法第10条第2項の条文中（ イ ）に相当する部分は，「著しい支障を生じている」と，法第10条第3項の条文中（ ウ ）に相当する部分は，「その旨を公表」とあるので，4の組合せが正しい。

【正解】 4

【問】5

次に示す計量法第12条第1項の政令で定める商品（特定商品）と，その特定物象量（特定商品ごとに政令で定める物象の状態の量）の組合せのうち，誤っているものを一つ選べ。

＜特定商品＞	＜特定物象量＞
1　はちみつ	質量
2　皮革	面積
3　しょうゆ	体積
4　食用植物油脂	体積
5　液化石油ガス	質量又は体積

[題意] 政令で定める商品（特定商品）に係る特定物象量についての問題。

[解説] 商品ごとの特定物象量については，「特定商品の販売に係る計量に関する政令」第2条別表第1に掲げられ，**1**〜**3**までおよび**5**の組合せは，同表に掲げるとおりで，正しい。

4の食用植物油脂は，同表の十八で「質量」とあるので，**4**の組合せは，誤り。

[正解] 4

問 6

商品の販売に係る計量に関する次の記述のうち，誤っているものを一つ選べ。

1　計量法第13条第1項の政令で定める特定商品の輸入の事業を行う者は，その特定物象量に関し密封をされたその特定商品を輸入して販売するときは，その容器又は包装に，量目公差を超えないように計量をされたその特定物象量が同項の経済産業省令で定めるところにより表記されたものを販売しなければならない。

2　計量法第12条第2項の政令で定める特定商品の販売の事業を行う者は，容器に入れたその特定商品を販売するときは，その容器にその特定物象量を法定計量単位により，経済産業省令で定めるところにより，表記しなければならない。

3　計量法第13条第1項の政令で定める特定商品の販売の事業を行う者は，その特定商品をその特定物象量に関し密封をするときは，量目公差を超えないようにその特定物象量の計量をして，その容器又は包装に経済産業省

令で定めるところによりこれを表記しなければならない。
4 密封とは，商品を容器に入れ，又は包装して，その容器若しくは包装又はこれらに付した封紙を破棄しなければ，当該物象の状態の量を増加し，又は減少することができないようにすることをいう。
5 特定物象量とは，特定商品ごとに計量法第12条第1項の政令で定める物象の状態の量をいい，長さ，質量，体積及び面積が定められている。

【題意】 政令で定める特定商品の販売に係る計量についての問題。
【解説】 1～4は，法第12条から第14条までのとおりで，正しい。
5は，特定商品ごとに計量法第12条第1項の政令で定める物象の状態の量に，長さは該当しないので，誤り。
【正解】 5

---- 問 7 ----

次の記述は，計量器の使用に関するものであるが，正しいものを一つ選べ。
1 検定証印が付されているすべての特定計量器は，取引又は証明における法定計量単位による計量に使用してよい。
2 特定計量器の中には，取引又は証明における法定計量単位による計量に際し，その使用方法について制限しているものはない。
3 巻尺は，特定計量器ではないため，取引又は証明における法定計量単位による計量に使用することはできない。
4 検定証印が付されていない特定計量器であっても，取引又は証明における法定計量単位による計量に使用してよい場合がある。
5 特殊容器は計量器でないため，これを用いて商品の体積を示して販売を行う際には，必ず特定計量器を用いて体積を計量する必要がある。

【題意】 計量器の使用の制限などについての問題。
【解説】 1は，検定証印に有効期間が定められている特定計量器にあっては，検定証印が付されていても，その有効期間を超えていた場合は，法第16条（使用

の制限）第1項第三号の規定により，「使用又は使用のために所持してはならない。」とされているので，「検定証印が付されているすべての特定計量器」とあるのは，誤り。

2は，法第18条（使用方法等の制限）で委任する法施行令第9条別表第2で，5種類の特定計量器「一水道メーター，温水メーター及び積算熱量計」，「二燃料油メーター」，「三ガスメーター」，「四最大需要電力計，電力量計，無効電力量計」および「五濃度計」については，使用液種，取り付け姿勢等の使用方法に関する制限が規定されているので，「使用方法について制限しているものはない。」とあるのは，誤り。

3は，「巻き尺」は特定計量器ではないが計量器には該当するため，法第16条（使用の制限）第1項第一号から三号までに該当しないので，「使用することはできない。」とあるのは，誤り。

5は，特殊容器は，計量器ではないが，特殊容器の表示があるものについては，法第17条（特殊容器の使用）第1項で「－前略－　政令で定める商品を経済産業省令で定める高さまで満たして，体積を法定計量単位により示して販売する場合におけるその特殊容器については，前条第1項の規定は，適用しない。」とあるので，「特定計量器を用いて体積を計量する必要がある。」とあるのは，誤り。

4は，法第16条第1項の前段の括弧書きで（－前略－　政令で定める特定計量器を除く。）とあるので，特定計量器であっても政令5条第一号（載せ台を有する非自動はかりであって，平方メートルで表した載せ台の面積の値をトンで表したひょう量の値で除した値が0.1以下のもの等）から第十一号までに掲げられているものについては，使用の制限適用除外となるので，正しい。

正解　**4**

問 **8**

定期検査に関するア～オの記述のうち，正しいものがいくつあるか，次の中から一つ選べ。

　ア　定期検査は，1年以上において特定計量器ごとに政令で定める期間に1
　　　回，区域ごとに行う。

　イ　計量法第22条では，「都道府県知事が定期検査の実施について前条第2

項の規定により公示したときは，当該定期検査を行う区域内の特定市町村の長は，その対象となる特定計量器の数を調査し，経済産業省令で定めるところにより，都道府県知事に報告しなければならない。」と規定されている。
ウ　定期検査に合格した特定計量器には，経済産業省令で定めるところにより，定期検査済証印を付する。
エ　定期検査に合格しなかった特定計量器に定期検査済証印が付されているときは，その定期検査済証印を除去する。
オ　定期検査の合格条件の一つに，その器差が経済産業省令で定める使用公差を超えないこと，がある。

1　1個
2　2個
3　3個
4　4個
5　5個

[題意]　特定計量器の定期検査についての問題。

[解説]　アは，法第21条第1項のとおりで，正しい。

イは，法第22条で「－前略－　当該定期検査を行う区域内の市町村の長は　－後略－」とあるので，「特定市町村の長」とあるのは，誤り。

ウは，法第24条第1項のとおりで，正しい。

エは，法第24条第3項で「定期検査に合格しなかった特定計量器に検定証印等が付されているときは，その検定証印等を除去する。」とあるので，「－前略－　定期検査済証印が付されているときは，その定期検査済証印を除去する。」とあるのは，誤り。

オは，法第23条（定期検査の合格条件）第1項第三号のとおりで，正しい。

したがって，正しい記述は3個なので，**3**が正しい。

[正解]　3

問 9

指定定期検査機関に関する次の記述のうち，誤っているものを一つ選べ．

1 指定定期検査機関は，定期検査を行うときは，経済産業省令で定める器具，機械又は装置を用い，かつ，経済産業省令で定める条件に適合する知識経験を有する者に定期検査を実施させなければならない．
2 指定定期検査機関は，検査業務の全部又は一部を休止し，又は廃止しようとするときは，経済産業省令で定めるところにより，あらかじめ，その旨を都道府県知事又は特定市町村の長の認可を受けなければならない．
3 指定定期検査機関は，毎事業年度経過後三月以内に，その事業年度の事業報告書及び収支決算書を作成し，都道府県知事又は特定市町村の長に提出しなければならない．
4 指定定期検査機関は，検査業務に関する規程（業務規程）を定め，都道府県知事又は特定市町村の長の認可を受けなければならない．これを変更しようとするときも，同様とする．
5 都道府県知事又は特定市町村の長は，認可をした業務規程が定期検査の公正な実施上不適当となったと認めるときは，その業務規程を変更すべきことを命ずることができる．

[題意] 指定定期検査機関が行うべき検査業務および手続き事項などについての問題．

[解説] 1は，法第29条のとおり，3は，法第33条第2項のとおり，4は，法第30条第1項のとおり，5は，法第30条第3項のとおりで，正しい．

2は，法第32条で「－前略－ 都道府県知事又は特定市町村の長に届け出なければならない．」とあるので，「認可を受けなければならない．」とあるのは，誤り．

[正解] 2

問 10

次の記述は，特定計量器の製造又は修理に関するものであるが，誤っている

ものを一つ選べ。

1 届出製造事業者又は届出修理事業者は,特定計量器の修理をしたときは,経済産業省令で定める基準に従って,当該特定計量器の検査を行わなければならない。

2 届出製造事業者は,その届出に係る事業を廃止したときは,遅滞なく,その旨を経済産業大臣に届け出なければならない。

3 届出修理事業者は,当該特定計量器の修理をしようとする事業所の名称及び所在地に変更があったときは,遅滞なく,その旨を都道府県知事(電気計器の届出修理事業者にあっては,経済産業大臣)に届け出なければならない。

4 特定計量器の製造の事業を行おうとする者(自己が取引又は証明における計量以外にのみ使用する特定計量器の製造の事業を行う者を除く。)は,経済産業省令で定める事業の区分に従い,あらかじめ,経済産業大臣に届け出なければならない。

5 届出製造事業者は,その届出をした特定計量器について修理の事業を行うときは,修理の事業を行う旨を都道府県知事に届け出なければならない。

〔題 意〕 届出製造事業者が行う修理行為についての問題。

〔解 説〕 **1**は,法第47条の,**2**は,法第45条第1項の,**3**は,法第42条第2項の,**4**は,法第40条のとおりで,正しい。

5は,法第46条(修理事業の届出)第1項のただし書きで「-前略- 当該特定計量器の修理をしようとする事業所の所在地を管轄する都道府県知事に届け出なければならない。ただし,届出製造事業者が第40条第1項の規定による届出に係る特定計量器の修理の事業を行おうとするときは,この限りでない。」により,都道府県知事に届け出ることを要しないと定めているので,「-前略- 届け出なければならない。」とあるのは,誤り。

〔正 解〕 **5**

問 11

次の計量器のうち，計量法第57条の規定により譲渡等が制限されている特定計量器として正しいものを一つ選べ。

1 アネロイド型血圧計
2 体積計
3 非自動はかり
4 濃度計
5 照度計

[題意] 譲渡などの制限対象特定計量器についての問題。

[解説] 譲渡などの制限対象特定計量器は，法第57条第1項で委任する計量法施行令第15条で「一 ガラス製体温計，二 抵抗体温計，三 アネロイド型血圧計」と規定しているので，1が正しい。

[正解] 1

問 12

次の記述は，計量法第75条の装置検査に関するものであるが，（ ア ）～（ ウ ）に入る語句の組合せとして正しいものを一つ選べ。

経済産業大臣，（ ア ）は，経済産業省令で定める方法により装置検査を行い，車両等装置用（ イ ）が経済産業省令で定める技術上の基準に適合するときは合格とし，経済産業省令で定めるところにより，（ ウ ）を付する。

（ ウ ）の有効期間は，車両等装置用（ イ ）ごとに政令で定める期間とし，その満了の年月を（ ウ ）に表示するものとする。

装置検査に合格しなかった車両等装置用（ イ ）に（ ウ ）が付されているときは，これを除去する。

	（ ア ）	（ イ ）	（ ウ ）
1	都道府県知事又は指定検定機関	計量器	装置検査証印
2	都道府県知事又は特定市町村の長	特定計量器	装置検査証印

3	都道府県知事又は指定検定機関	特定計量器	装置検査済証印
4	都道府県知事又は特定市町村の長	計量器	装置検査済証印
5	都道府県知事又は指定検定機関特定	計量器	装置検査証印

【題意】 車両等装置用計量器（タクシーメーター）の検査についての問題。

【解説】 法第75条第2項の条文中で（ ア ）は「都道府県知事又は指定検定機関」,（ イ ）は「計量器」,（ ウ ）は「装置検査証印」が該当するので, **1** の組合せが正しい。

【正解】 1

問 13

次の記述は, 計量法第80条の承認製造事業者に係る基準適合義務に関するものであるが,（ ア ）及び（ イ ）に入る語句の組合せとして正しいものを一つ選べ。

承認製造事業者は,（ ア ）特定計量器を製造するときは, 当該特定計量器が法第71条第1項第1号の経済産業省令で定める（ イ ）（同条第2項の経済産業省令で定めるものを除く。）に適合するようにしなければならない。

	（ ア ）	（ イ ）
1	その届出を行った事業の区分に属する	製造方法に係る基準
2	その承認に係る型式に属する	技術上の基準
3	あらかじめ届け出た	検定公差
4	その届出を行った事業の区分に属する	検定公差
5	その承認に係る型式に属する	製造方法に係る基準

【題意】 承認製造事業者の製造に係る技術基準適合義務についての問題。

【解説】 法第80条の条文中で（ ア ）は「その承認に係る型式に属する」,（ イ ）は「技術上の基準」が該当するので, **2** の組合せが正しい。

【正解】 2

問 14

指定製造事業者制度に関する次の記述のうち，誤っているものを一つ選べ。

1　指定製造事業者の指定は，届出製造事業者又は外国製造事業者の申請により，第40条第1項の経済産業省令で定める事業の区分に従い，その工場又は事業場ごとに行う。

2　指定製造事業者は，経済産業省令で定めるところにより，その指定に係る工場又は事業場において製造する第76条第1項の承認に係る型式に属する特定計量器（あらかじめ都道府県知事に届け出て製造される輸出用の特定計量器及び試験的に製造される特定計量器を除く。）について，検査を行い，その検査記録を作成し，これを保存しなければならない。

3　経済産業大臣は，当該指定に係る工場又は事業場における品質管理の方法が経済産業省令で定める基準に適合していないと認めるときは，指定製造事業者に対し，当該特定計量器の検査のための器具，機械又は装置の改善，品質管理の業務の改善その他の必要な措置をとるべきことを命ずることができる。

4　指定を受けようとする外国製造事業者は，氏名又は名称及び住所，事業の区分，品質管理の方法に関する事項並びに製造開始年月日を記載した申請書を，経済産業大臣に提出しなければならない。

5　経済産業大臣は，型式承認表示と紛らわしい表示を特定計量器に付した指定製造事業者の指定を取り消すことができる。

〔題意〕　指定製造事業者の指定申請手続きなどについての問題。

〔解説〕　1は，法第90条のとおり，2は，法第95条第2項のとおり，3は，法第98条のとおり，5は，法第97条のとおりで，正しい。

4は，法第101条第1項で「－前略－　外国製造事業者は，法第91条第1項第一号から第三号まで及び第五号の事項を提出　－後略－」とあり，その中に「製造開始年月日」は含まれていないので，誤り。

〔正解〕　4

---------- 問 15 ----------

基準器検査に合格した計量器に付す基準器検査証印の形状として，正しいものを一つ選べ。

1. 回
2. (図形)
3. 回
4. ◇
5. (図形)

〔題 意〕 基準器検査証印の形状についての問題。

〔解 説〕 **1**は，法第96条第1項の表示（基準適合証印）
2は，法第130条第1項の標識（適正計量管理事業所）
3は，法第72条第1項の検定証印
4は，法第104条第1項の基準器検査証印
5は，法第75条第2項の装置検査証印（車両等装置用計量器）
したがって，**4**が正しい。

〔正 解〕 4

問 16

計量証明の事業に関する次のア～オの記述のうち，誤っているものがいくつあるか，次の中から一つ選べ。

ア 都道府県知事は，計量証明事業者が計量証明の事業について不正の行為をしたときは，その登録を取り消し，又は1年以内の期間を定めて，その事業の停止を命ずることができる。

イ 大気，水又は土壌中の物質の濃度の計量証明の事業を行おうとする者は，経済産業省令で定める事業の区分に従い，その事業所ごとに，経済産業大臣の登録を受けなければならない。

ウ 計量証明の事業の登録の基準の一つとして，計量証明に使用する特定計量器その他の器具，機械又は装置が経済産業省令で定める基準に適合するものであること，がある。

エ 計量証明事業者は，その計量証明の事業について計量証明を行ったときは，経済産業省令で定める事項を記載し，経済産業省令で定める標章を付した証明書を交付することができる。

オ 経済産業大臣は，計量証明事業者が登録の基準に適合しなくなったと認めるときは，その計量証明事業者に対し，当該基準に適合するために必要な措置をとるべきことを命ずることができる。

1　1個
2　2個
3　3個
4　4個
5　5個

【題意】計量証明事業登録，届出事項などについての問題。

【解説】アは，法第113条第五号のとおりで，正しい。

イは，法第107条で「－前略－　その所在地を管轄する都道府県知事の登録を受けなければならない。－後略－」とあるので，「－前略－　経済産業大臣の登録を受

けなければならない。」とあるのは，誤り。

　ウは，法第109条第一号のとおりで，正しい。

　エは，法第110条の二第1項の規定のとおりで，正しい。

　オは，法第111条で「都道府県知事は，計量証明事業者が第109条（登録の基準）各号に適合しなくなったと認めるときは，－後略－」とあるので，「経済産業大臣は，－後略－」とあるのは，誤り。

　したがって，**2**の2個が正しい。

[正解] 2

------ [問] 17 ------

計量証明検査に関する次のア～オの記述のうち，正しいものがいくつあるか，次の中から一つ選べ。

　ア　計量証明検査に合格しなかった特定計量器に型式承認の表示が付されているときは，その型式承認表示を除去する。

　イ　適正計量管理事業所の指定を受けた計量証明事業者がその指定に係る事業所において使用する特定計量器は，計量証明検査を受ける必要はない。

　ウ　特定市町村の長は，指定計量証明検査機関に計量証明検査を行わせることができる。

　エ　指定計量証明検査機関の指定は，4年ごとにその更新を受けなければ，その期間の経過によって，その効力を失う。

　オ　計量証明検査の合格条件の一つとして，検定証印又は基準適合証印（計量法第72条第2項の政令で定める特定計量器にあっては，検定証印又は基準適合証印の有効期間を経過していないものに限る。）が付されていること，がある。

　1　1個
　2　2個
　3　3個
　4　4個

5 5個

[題意] 計量証明検査，指定計量証明検査機関についての問題。

[解説] アは，法第119条第3項で，「計量証明検査に合格しなかった特定計量器に検定証印等が付されているときは，その検定証印等を除去する。」とあるので，「その型式承認表示を除去しなければならない。」とあるのは，誤り。

イは，法第116条第1項第二号のとおりで，正しい。

ウは，法第117条第1項で，「都道府県知事は，その指定する者（以下「指定計量証明検査機関」という。）に，計量証明検査を行わせることができる。」とあるので，「又は特定市町村の長は，」とあるのは，誤り。

エは，法第121条第2項で準用する法第28条の二で「3年を下らない政令で定める期間ごとにその更新を受けなければ，その期間の経過によって，その効力を失う。」とあるので，「4年ごとに」とあるのは，誤り。

オは，法第118条第1項第一号のとおりで，正しい。

したがって，正しい記述が2個となるので，**2**が正しい。

[正解] 2

[問] 18

次の記述は，計量法第121条の2の特定計量証明事業を行おうとする者の認定に関するものであるが，（ ア ）～（ ウ ）に入る語句の組合せとして正しいものを一つ選べ。

・ 特定計量証明事業を適正に行うに必要な（ ア ）を有するものであること。

・ 特定計量証明事業を適確かつ円滑に行うに必要な（ イ ）を有するものであること。

・ 特定計量証明事業を適正に行うに必要な（ ウ ）が定められているものであること。

	（ ア ）	（ イ ）	（ ウ ）
1	管理組織	技術的能力	計量管理の方法

2	事業規程	技術的能力	業務の実施の方法
3	事業規程	経理的基礎	計量管理の方法
4	管理組織	技術的能力	業務の実施の方法
5	管理組織	経理的基礎	計量管理の方法

[題意] 特定計量証明事業を行おうとする者の認定要件についての問題。

[解説] 法第121条の二の条文中,(ア)は「管理組織」,(イ)は「技術的能力」,(ウ)「業務の実施の方法」が該当するので,4の組合せが正しい。

[正解] 4

問 19

特定計量証明認定機関に関する次の記述のうち,誤っているものを一つ選べ。

1 経済産業大臣による特定計量証明認定機関の指定は,経済産業省令で定める区分ごとに,経済産業省令で定めるところにより,計量法第121条の2の認定を行おうとする者の申請により行う。

2 経済産業大臣による特定計量証明認定機関の指定は,4年を下らない政令で定める期間ごとにその更新を受けなければ,その期間の経過によって,その効力を失う。

3 特定計量証明認定機関は,認定を行うことを求められたときは,正当な理由がある場合を除き,遅滞なく,認定のための審査を行わなければならない。

4 特定計量証明認定機関は,認定を行うときは,経済産業省令で定める条件に適合する知識経験を有する者にその認定を実施させなければならない。

5 経済産業大臣は,特定計量証明認定機関が計量法第121条の8第1号から第4号までに適合しなくなったと認めるときは,その特定計量証明認定機関に対し,これらの規定に適合するために必要な措置をとるべきことを命ずることができる。

[題意] 特定計量証明認定機関の指定要件についての問題。

[解説] **1**は，法第121条の七のとおり，**3**は，法第121条の九のとおり，**4**は，法第121条の九第2項のとおり，**5**は，法第121条の十で準用する法第37条のとおりで，正しい。

2は，法第121条の十で準用する法第28条の二で「3年を下らない政令で定める期間ごとにその更新を受けなければ，その期間の経過によって，その効力を失う。」とあるので，「4年ごとに」とあるのは，誤り。

[正解] 2

[問] 20

計量士に関する次の記述のうち，誤っているものを一つ選べ。

1 経済産業大臣は，計量器の検査その他の計量管理を適確に行うために必要な知識経験を有する者を計量士として登録する。

2 計量士でない者は，計量士の名称を用いてはならない。

3 計量士の登録を受けようとする者は，その住所又は勤務地を管轄する都道府県知事を経由して，経済産業大臣に登録の申請をしなければならない。

4 経済産業大臣は，計量士がこの法律又はこの法律に基づく命令の規定に違反したときは，その登録を取り消し，又は1年以内の期間を定めて，計量士の名称の使用の停止を命ずることができる。

5 経済産業大臣又は都道府県知事若しくは特定市町村の長は，計量法の施行に必要な限度において，計量士に対し，特定計量器の使用の状況に関し報告させることができる。

[題意] 計量士の登録などについての問題。

[解説] **1**は，法第122条第1項のとおり，**2**は，法第124条のとおり，**3**は，法第126条で委任する計量法施行令第32条第1項のとおり，**4**は，法第123条第一号のとおりで，正しい。

5は，法第147条第1項の後段で「－前略－ その業務に関し報告させることができる。」とあるので，「－前略－ 特定計量器の使用の状況に関し報告させること

ができる。」とあるのは，誤り。

【正解】 5

---- 問 21 ----

適正計量管理事業所に関する次の記述のうち，誤っているものを一つ選べ。
1 適正計量管理事業所の指定を受けるための申請書に記載することが必要な事項の一つとして，当該事業所で使用する特定計量器の名称，性能及び数，がある。
2 適正計量管理事業所の指定においては，特定計量器の種類に応じて経済産業省令で定める計量士が，当該事業所で使用する特定計量器について，経済産業省令で定めるところにより，検査を定期的に行うものであることが必要である。
3 適正計量管理事業所の指定を受けた者は，経済産業省令で定めるところにより，帳簿を備え，当該適正計量管理事業所において使用する特定計量器について計量士が行った検査の結果を記載し，これを保存しなければならない。
4 適正計量管理事業所の指定を受けた者は，当該適正計量管理事業所において，経済産業省令で定める様式の標識を掲げることができる。
5 国の事業所は，適正計量管理事業所の指定を受けることができない。

【題意】 適正計量管理事業所の指定等についての問題。

【解説】 1は，法第127条第2項第三号のとおり，2は，第128条第一号のとおり，3は，法第129条のとおり，4は，法第130条第1項のとおりで，正しい。
5は，「国の事業所は，適正計量管理事業所の指定を受けることができない。」旨の規定はないので，誤り。

【正解】 5

問 22

計量法第132条の適正計量管理事業所の指定の取消しに該当するものとして，誤っているものを一つ選べ。

1　適正計量管理事業所として，計量法第10条第2項の勧告を受けたとき。
2　適正計量管理事業所の指定申請書の記載事項に変更が生じた場合に，遅滞なく，その旨の届出をしなかったとき。
3　適正計量管理事業所の指定の基準への適合命令に違反したとき。
4　不正の手段により適正計量管理事業所の指定を受けたとき。
5　適正計量管理事業所として，経済産業省令で定める様式の標識ではなく，これと紛らわしい標識を掲げる行為をしたとき。

題意　適正計量管理事業所の指定の取消しについての問題。

解説　2は，法第132条第一号のとおり，3は，法第132条第三号のとおり，4は，法第132条第四号のとおり，5は，法第130条第2項のとおりで，正しい。

1は，法第10条第1項の「－前略－　正確にその物象の状態の量の計量をするように努めなければならない。」との努力規定に対し，同条第2項の「適正な計量の実施の確保に著しい支障を生じていると認めるときは，その者に対し，必要な措置をとるべきことを勧告することができる。」および同条第3項の「都道府県知事又は特定市町村の長は，前項の規定による勧告をした場合において，その勧告を受けた者がこれに従わなかったときは，その旨を公表することができる。」とあるが，指定の取り消しに該当するものではないので，誤り。

正解　1

問 23

特定標準器による校正等に関する次のア～オの記述のうち，誤っているものがいくつあるか，次の中から一つ選べ。

ア　経済産業大臣は，計量器の標準となる特定の物象の状態の量を現示する計量器又はこれを現示する標準物質を製造するための器具，機械若しくは

装置を指定するものとする。
イ　経済産業大臣，日本電気計器検定所又は指定校正機関は，特定標準器による校正等を行ったときは，器差及び器差の補正の方法を記載した成績書を交付するものとする。
ウ　経済産業大臣，日本電気計器検定所又は指定校正機関は，特定標準器による校正等を行うことを求められたときは，正当な理由がある場合を除き，特定標準器による校正等を行わなければならない。
エ　指定校正機関の指定の基準の一つとして，特定標準器による校正等の業務を行う計量士が置かれていること，がある。
オ　指定校正機関の指定は，都道府県知事が定めるところにより，特定標準器による校正等を行おうとする者の申請により，その業務の範囲に限って行う。

1　1個
2　2個
3　3個
4　4個
5　5個

【題意】特定標準器による校正などについての問題。

【解説】アは，法第134条第1項のとおり，ウは，法第137条のとおりで，正しい。
イは，法第136条第1項で「－前略－　校正等を行ったときは，経済産業省令で定める事項を記載し，－後略－」とあるので，「－前略－　校正等を行ったときは，器差及び器差の補正の方法を記載した　－後略－」とあるのは，誤り。エは，法第140条（指定の基準）の各号に計量士が置かれていることの規定はないので，誤り。
オは，法第138条で「－前略－　指定は，経済産業省令で定めるところにより，－後略－」とあるので，「都道府県知事が」とあるのは，誤り。

したがって，誤った記述は3個で，**3**が正しい。

【正解】3

問 24

計量器の校正等の事業を行う者の登録の要件に関するア〜エの記述のうち，正しいものの組合せを次の中から一つ選べ。

ア 特定標準器による校正等をされた計量器若しくは標準物質又はこれらの計量器若しくは標準物質に連鎖して段階的に計量器の校正等をされた計量器若しくは標準物質を用いて計量器の校正等を行うものであること。

イ 国際標準化機構及び国際電気標準会議が定めた校正を行う機関に関する基準に適合するものであること。

ウ 法人にあっては，その役員又は法人の種類に応じて経済産業省令で定める構成員の構成が特定標準器による校正等の公正な実施に支障を及ぼすおそれがないものであること。

エ 特定標準器による校正等の業務を適確かつ円滑に行うに必要な技術的能力及び経理的基礎を有するものであること。

1　ア及びイ
2　ア及びウ
3　ア及びエ
4　イ及びウ
5　イ及びエ

[題意] 計量器の校正事業の登録要件などについての問題。

[解説] アは，法第143条第2項第一号のとおり，イは，法第143条第2項第二号のとおりで，正しい。

ウおよびエの設問は，登録の要件に該当しないので，誤り。

したがって，1の組合せが正しい。

[正解] 1

問 25

計量法の立入検査，罰則に関する次の記述のうち，正しいものを一つ選べ。

1　特定市町村の長は，この法律の施行に必要な限度において，その職員に，計量士の事務所に立ち入り，計量器その他の物件を検査させ，又は関係者に質問させることができる。

2　経済産業大臣は，この法律の施行に必要な限度において，その職員に，指定定期検査機関の事務所に立ち入り，業務の状況若しくは帳簿，書類その他の物件を検査させ，又は関係者に質問させることができる。

3　法第2条第1項第1号に掲げる物象の状態の量について，法定計量単位以外の計量単位（非法定計量単位）を取引又は証明に用いても，懲役又は罰金に処せられることはない。

4　法第25条に規定する定期検査に代わる計量士による検査において，計量士が，定期検査の合格条件に適合しないにもかかわらず，適合する旨の証明書をその特定計量器を使用する者に交付しても，懲役又は罰金に処せられることはない。

5　経済産業大臣は，その職員に，取引又は証明における法定計量単位による計量に使用されている特定計量器（法第16条第1項の政令で定めるものを除く。）を検査させた場合において，その特定計量器の器差が経済産業省令で定める使用公差を超えるときは，その特定計量器を没収し，又は廃棄させることができる。

【題意】　立入検査，罰則についての問題。

【解説】　2は，法第148条第2項および法第148条第3項の規定により，指定機関のうち経済産業大臣が立入検査をさせることができるのは，「指定検定機関，特定計量証明認定機関又は指定校正機関」の三機関であるので，「指定定期検査機関」とあるのは，誤り。

3は，法第173条で「次の各号のいずれかに該当する者は，五十万円以下の罰金に処する。」とあり，設問の事項は同条第一号に該当するので，「懲役又は罰金に処せられることはない。」とあるのは，誤り。

4は，法第173条で「次の各号のいずれかに該当する者は，五十万円以下の罰金に処する。」とあり，設問の事項は同条第1項第三号に該当するので，「懲役又は罰

金に処せられることはない。」とあるのは，誤り。

5は，法第151条（検定証印等の除去）の後段で，「－前略－　次の各号の一に該当するときは，その特定計量器に付されている検定証印等を除去することができる。」とあるので，「その特定計量器を没収し，又は廃棄させることができる。」とあるのは，誤り。

1は，法第148条第1項のとおりで，正しい。

〔正解〕　1

2. 計量管理概論

管理

2.1 第59回（平成21年3月実施）

---- **問** 1 ----

計測管理に関する次の記述の中から，不適切なものを一つ選べ。

1. 計測管理を実行することで，正確な測定が実現でき，製品の品質向上に役立つ。
2. 工程で作られる製品の品質を良くするためには，工程における計測管理に常に多くの費用をかけることが必要である。
3. 計測管理の目的には，測定器や測定方法の正確さや維持だけではなく，測定方法の選択，測定結果の評価及びその適切な利用が含まれる。
4. 工程中でどのような測定器を使用するかを決めることは，計測管理の重要な役割の一つである。
5. 計測管理は，測定担当者が中心となる活動であるが，それ以外の製造担当者や検査担当者が参加することも重要である。

[題意] 計測管理の目的および実行するときの基本的な考え方を問うもの。

[解説] 計測管理の目的は工程管理や製品品質の評価などで行う計測を，正しく且つ効率的に実行することにあり，トータル的に計測のパフォーマンスを上げることである。製品の品質評価は計測によって行うが，計測した値に誤差があれば結果的に製品の品質は低くなる。また，計測方法や計測器の選択の違いによって計測コストは大きく異なる場合がある。よって，計測管理で重要なことは計測の目的に応じて計測誤差を考えた測定器の選択，効率的な計測方法，そして測定結果が目的に対してどうであるかの評価を明確に行い，つぎのステップにアクションをとることである。工程における計測管理に多くの費用をかけたとしても必ずしも製品の品

質が良くなるとは限らず，品質を良くするには製造に関与する機器や設備，環境条件などに依存される場合が多い．よって，**2**は誤り．また，計測管理は社内全体に関わるものであるから，製造部門，品質保証部門，さらに人材の教育・訓練部門と連携することも重要である．

[正 解] 2

------- [問] 2 -------

生産工程における計測管理活動に関する次の記述の中から，誤っているものを一つ選べ．

1 工程管理の活動では，その工程で作られる製品の特性のばらつきを低減するために，工程の改善や標準化などが行われる．

2 製造工程の中の測定で発生する測定誤差を小さくするためには，可能な限り製品や工程を設計する段階で対策を取ることが効果的である．

3 検査では，何らかの方法による製品特性の測定や試験を行い，その結果とあらかじめ規定された要求事項とを比較して，個々の製品に対する適合品・不適合品の判断が下される．

4 製造工程において，規格外の製品を製造してしまう原因の一つとして，工程で使用する測定機器の適切な管理ができていないことがある．

5 製造工程において使用される$\bar{x}-R$管理図は，製品特性の平均値を管理特性として図示する$\bar{x}$管理図と，標準偏差を管理特性として図示するR管理図からなる．

[題 意] 製造工程で行われるさまざまな計測管理について問うもので，オフライン計測管理，製品検査の考え方，および$\bar{x}-R$管理図の知識が求められる．

[解 説] 製品の品質を良くするということは，製品特性を目標値どおり製造することであるが，その特性のばらつきをいかに小さくするかが工程管理の主題である．ばらつきを小さくするために工程の改善や標準化，環境条件の改善，オンライン計測管理などが行われる．オンライン計測管理は既存する生産工程を対象に行う管理であるが，製品や工程を設計する段階で計測管理を考え，工程設備や計測方法

を考える管理をオフライン計測管理といい，効果的な手法である。

製品検査とは，あらかじめ決められた規定・基準があり，測定や試験を行って得られた値をその規定・基準と比較して合否の判定するものである。

測定機器の管理は，測定値の精度を維持するための計測管理活動の必須事項である。

$\bar{x}-R$ 管理図の $\bar{x}$ は製品特性の平均値を表し，R は標準偏差ではなく範囲（レンジ）の R を表す。よって，**5** は誤り

〔正解〕 5

〔問〕**3**

下記のAとBは，ある測定値をSI単位で表記したものである。A=Bの関係が成立していないものはどれか。一つ選べ。

	A	B
1	500 hPa	5×10^4 Pa
2	0.1 μm	100 nm
3	1000 N·m	1 kJ
4	2 kg·m/s^2	19.6 N
5	400 J/s	0.4 kW

〔題意〕 SIの接頭語の理解および非SI単位からSI単位への換算に関する問題。

〔解説〕 接頭語ヘクト（h）は，10^2 であるから 500 hPa は 500×10^2 Pa = 50 000 Pa = 5×10^4 Pa である。接頭語マイクロ（μ）は 10^{-3}，ナノ（n）は 10^{-6} であるから 0.1 μm = 0.1×10^{-3} m = 1×10^{-4} m，100 nm = 100×10^{-6} m = 1×10^{-4} m となり，結局，0.1 μm = 100 nm である。

1 000 N·m は一般にはトルクの単位として使用されるが，仕事の単位でもある。

力の単位ニュートン（N）は，質量 1 kg に 1 メートル毎秒毎秒（1 m/s^2）の加速度が加わったときの力の大きさが 1 N である。したがって，2 kg·m/s^2 = 2 N である。**4** は誤り。

効率，放射率の単位ワット W は他の SI 単位で表すと J/s となる。よって，400

J/s ＝ 0.4 kW である。

[正解] 4

---- [問] 4 --

次の文章は国際文書「計測における不確かさの表現のガイド」(Guide to the Expression of Uncertainty in Measurement, 略称 GUM) に従って測定の不確かさを評価する方法について述べたものである。(ア) ～ (エ) に入る語句の組合せとして正しいものを一つ選べ。

(ア) は，「測定の結果について，合理的に測定量に結びつけられ得る値の分布の大部分を含むと期待される区間を定める量」と定義されており，不確かさの表現の一つである。これを求めるために次のようにする。まず，測定の数学モデルにおいて出力量が依存する入力量のそれぞれについて標準不確かさを求める。次に，不確かさの伝播則に従って，各入力量の標準不確かさに重みとなる (イ) を乗じ，その結果の2乗和の正の平方根で計算される (ウ) を求める。さらに，(ウ) に (エ) を乗じて (ア) を求めることができる。ここで，(エ) の値は信頼の水準に依存して決まる。

	(ア)	(イ)	(ウ)	(エ)
1	合成不確かさ	感度係数	合成標準不確かさ	包含係数
2	拡張不確かさ	換算係数	拡張標準不確かさ	感度係数
3	合成不確かさ	包含係数	合成標準不確かさ	換算係数
4	標準不確かさ	換算係数	拡張標準不確かさ	感度係数
5	拡張不確かさ	感度係数	合成標準不確かさ	包含係数

[題意] 計測における不確かさの基本的な知識を問う問題。

[解説] 拡張不確かさは合成標準不確かさに包含係数 k を乗じた値であり，測定結果の不確かさを標記する値として用いられ，ばらつきを分布として表した場合の大部分が含まれる大きさである。

不確かさを求める場合の方法として，まず，測定の数学モデルにおいて出力量に

依存する入力量について標準不確かさを求め，つぎに，その入力量の不確かさが出力量にどれだけ影響するか計算する。この計算をするときに，どれだけ影響するかの係数を感度係数と呼び，これは入力量の出力量に対する重みとなる。このようにして求めた各入力量による出力量の不確かさは，2乗和の平方根によって合成標準不確かさとして求められる。合成標準不確かさに乗ずる包含係数 k の大きさによって，計算された拡張不確かさの信頼水準が決まってくる。通常，包含係数は $k = 2$ が用いられ，この場合の信頼水準は約95％である。

〔正 解〕 5

----- 〔問〕5 -----

測定の信頼性に関する次の記述の中から，誤っているものを一つ選べ。
1. 測定結果の不確かさを見積もるとき，不確かさ成分の一部は，同一測定量に対する一連の測定値の統計的解析に基づいて評価することができる。
2. 間接測定における測定結果の不確かさは，測定量と一定の関係にある各量の測定結果の不確かさを評価しても求めることはできない。
3. JIS Z 8103（計測用語）では，測定結果の正確さと精密さを含めた，測定量の真の値との一致の度合いを精度として定義している。
4. 測定器の精密さの指標として，一連の測定値の標準偏差を用いることができる。
5. 測定を繰り返して平均値をとるとき，繰り返し数が多くなるほど，偶然誤差による平均値のばらつきの程度は小さくなる。

〔題 意〕 測定の不確かさを求める場合の基礎的な知識および精度・標準偏差に関する用語の知識を問う問題。

〔解 説〕 不確かさを見積もる方法の一つとして，測定の繰り返しを行い，その測定データを統計的に解析し評価して求めた不確かさをAタイプという。他方，統計的な評価以外の方法で求めた場合をBタイプという。

間接測定における不確かさを求める場合には，測定量を導くための間接量の不確かさを求め，つぎに目的の測定量への換算を行って評価することが可能である。

JIS Z 8103（計測用語）で表される精度とは「測定結果の正確さと精密さを含めた測定量の真の値との一致の度合い」として定義されている。ここで，精密さとは測定値のばらつきの程度をいい，一般に標準偏差で表される。測定のばらつきは繰り返しデータの平均値に対して求められるが，その平均値のばらつきは繰り返し回数によって変わり，回数が増えれば小さくなる。

[正解] 2

[問] 6

統計的手法に関する次の記述の中から，誤っているものを一つ選べ。

1 n個の測定値x_i（$i = 1, 2, \cdots, n$）がある。試料標準偏差（不偏分散の正の平方根）sは，測定値x_i及びその平均値$\bar{x}$により，次式で求めることができる。

$$s = \sqrt{\frac{\sum_{i=1}^{n}(x_i - \bar{x})^2}{n-1}}$$

2 2組のデータのばらつきの程度に違いがあるかどうかを判断するには，その分散の差を用いたF検定が用いられる。

3 測定量a，bに対する測定値の母標準偏差をそれぞれσ_a，σ_bとするとき，$a-b$の母標準偏差は，$\sqrt{\sigma_a^2 + \sigma_b^2}$である。ただし，$a$と$b$には相関はないとする。

4 n個の測定値x_i（$i = 1, 2, \cdots, n$）がある。各測定値x_iとその平均値$\bar{x}$の差の2乗の和を平方和という。

5 二つの母集団の標準偏差が未知の場合，二つの母集団の平均に統計的な差があるかどうかを判断するときには，t検定が用いられる。

[題意] 統計量の標準偏差，平方和の計算方法および統計の検定について問う問題。

[解説] 標準偏差には母標準偏差と試料標準偏差がある。母標準偏差とは値

（データ数）を無限大にとったときの，中心値に対するばらつきの大きさを表す統計量であってσで表される。一方，試料標準偏差は有限の個数の値の平均値に対するばらつきの大きさを表す統計量であってsで表記される。

2組のデータのばらつきの程度に違いがあるかどうかを判定するには，両者の分散を求め，その比からF検定によって判断できる。**2**の記述は「分散の差」となっているが，正しくは「分散の比」である。よって，誤りである。

測定量a, bに対する測定値の母標準偏差がσ_a, σ_bであるとき，測定量aとbを加算または引き算したりしたとしても，その母標準偏差は，いずれの場合でもσ_aとσ_bの2乗和の平方根で求められる。ただし，aとbには相関はないことが条件である。

測定値の平均値からの差の2乗和，それと平方和はどちらも測定値のばらつきを求めるための統計上の計算値である。2乗と平方は同じ意味である。

二つの母集団の平均の差を検定する場合は，u検定かt検定を用いるが，母集団の母標準偏差が未知のときはt検定を用いる。

〔正解〕 **2**

---- 問 7 ----

計測用語（JIS Z 8103）について説明した次の記述の中から，誤っているものを一つ選べ。

1 ばらつきとは，測定値の母平均から真の値を引いた値である。
2 相対誤差とは，真の値に対する誤差の比のことである。
3 偏差とは，測定値から母平均を引いた値である。
4 残差とは，測定値から試料平均を引いた値である。
5 母分散とは，測定値の母集団についての分散のことである。

〔題意〕 測定値の性質，誤差に関する計測用語の定義について知識を問う問題である。
〔解説〕 計測用語のうち測定値の性質および誤差に関する問題である。関連する用語の定義および測定値の集合を仮想した分布図を以下に示す。

用　語	定　　義
真の値	ある特定の量の定義と合致する値（備考：特別な場合を除き，観念的な値で，実際には求められない）
偏　差	測定値から母平均を引いた値
残　差	測定値から試料平均を引いた値
誤　差	測定値から真の値を引いた値（備考：誤差の真の値に対する比を相対誤差という。ただし，間違えるおそれがない場合には，単に誤差といってもよい）
かたより	測定値の母平均から真の値を引いた値
ばらつき	測定値の大きさがそろっていないこと。また，ふぞろいの程度
正確さ	かたよりの小さい程度
精密さ	ばらつきの小さい程度
精　度	測定結果の正確さと精密さを含めた，測定量の真の値との一致の度合い

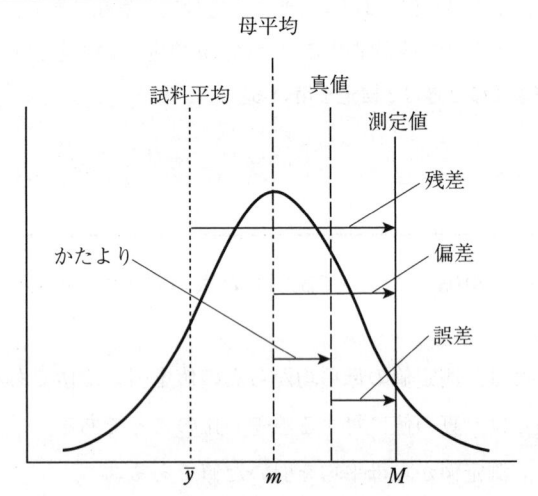

図　測定値の概念的な構造

[正解] 1

問 8

2つの変数 X, Y の間の相関を調べるため複数のデータ対 (x_i, y_i) を集め，X, Y 間の相関係数 r_{XY} を求めた。その後の検討の結果，$Z = aY + b$ の関係式に従って Y を変数変換した Z について，X との相関係数 r_{XZ} を求める必要があることが判明した。ただし，a, b は定数であり，$a < 0$ である。このとき，r_{XZ} に関

する次の記述の中から，正しいものを一つ選べ．

1　r_{XZ} は $ar_{XY} + b$ に等しい．
2　r_{XZ} は $\dfrac{r_{XY}}{a} - b$ に等しい．
3　r_{XZ} は ar_{XY} に等しい．
4　r_{XZ} は $-r_{XY}$ に等しい．
5　r_{XZ} は r_{XY} で表すことはできない．

[題意]　相関係数の性質について問う問題．

[解説]　x と y の相関係数 r は次式で求められる．

$$r = \dfrac{\sum_{i=1}^{n}(x_i - \bar{x})(y_i - \bar{y})^2}{\sqrt{\sum_{i=1}^{n}(x_i - \bar{x})^2 \sum_{i=1}^{n}(y_i - \bar{y})^2}}$$

ここで，$\bar{x}$ は x のデータ x_i $(i = 1, 2, 3, \cdots, n)$ の平均値を表す．$\bar{y}$ も同様である．この式からわかるように，x も y も計算はつねに平均値からの差によって行われる．変換された関係式 $Z = aY + b$ において，定数 b を加算しても相関係数は変わらないことになる．一方の定数 a について考えてみると，上式の分母において，$(y_i - \bar{y})^2$ は $(y_i - \bar{y})^2 \times a^2$ となるが，平方根であるから $(y_i - \bar{y})^2$ の a 倍となる．分子について考えると $(y_i - \bar{y})^2 \times a$ である．

したがって，約分され結果は変わらないことなるが，設問に $a < 0$ とあるから符号がマイナスになる．よって，相関係数 r_{XZ} は $-r_{XY}$ となる．

[正解]　4

[問] 9

製造工程中の現場測定の SN 比を評価する実験に関する次の記述の中から，最も適切なものを一つ選べ．

1　実験を行う前に，測定器を校正しておかないと，測定の SN 比を求めることはできない．
2　現場測定の SN 比を求めるためには，正しい標準一つを用意し，測定環境を整えた上で，標準に対する読みと標準の値の差を求める．

3 値 x が異なる複数の標準に対する読み y を得てから，$x = \beta y + e$ の関係式を仮定し，誤差分散（e の分散）σ^2 を評価する。

4 信号因子には実物標準（実物と同じような成分，材質，もしくは形態等を持ち，標準値がわかったもの）を用い，その水準値は測定範囲をカバーするように設定する。

5 測定誤差を改善するための制御因子として，測定器の設定条件など，測定者が選択可能な因子 A～F をすべて 3 水準とし，3 水準の信号因子 M と 2 水準の誤差因子 N をとりあげ，直交表 L_{18} の 1 列に N，2 列に M，3～8 列に A～F をわりつける。

【題意】 測定の SN 比を評価する実験の方法，SN 比の特徴・性質について問う問題。

【解説】 測定の SN 比は，標準を信号因子として用い，それを評価する測定器で測定することで校正における SN 比を求めることができるので，あらかじめ校正しておく必要はない。

現場測定における SN 比を求めるには，現場の測定環境と同様な条件を再現して実験することが重要である。測定環境を整えた条件で実験を行ったとしても，実際に使用する場合の評価は期待できない。

標準 x を測定したときの読みが y であるときの関係式は，入力が x で出力値が y という式でなければならない。よって，ゼロ点比例式の関係式は $y = \beta x + e$ となる。ここに，e は読み y の誤差を表している。誤差 e の分散を σ^2 とすると，求める SN 比 η は

$$\eta = \frac{\beta^2}{\sigma^2}$$

である。

信号因子に実物と同じような成分，材質，もしくは形態等を持ち標準値のわかったものを実物標準といい，現場の測定環境の変化による測定誤差を抑えられる効果がある。

測定誤差を改善するために直交表 L_{18} を用いた実験では，制御因子として測定器の設定条件など，測定者が選択可能な因子を各列に割付け，信号因子は直交表の外

側に割付ける方法をとる。各制御因子の水準の組み合わせのうち，最も SN 比が大きくなる条件を用いることで測定誤差の改善が可能となる。

【正解】 4

----- 【問】 10 -----

水準数 a の因子 A を取り上げた繰り返しのある一元配置法の実験において，因子 A の第 i 水準における第 j 繰り返しにおいて得られたデータを y_{ij} と表す。このデータの分散分析において，因子 A の効果を表す平方和 S_A の計算式として正しいものを次の中から一つ選べ。

ただし，繰り返し回数 r は A の水準によらず一定であり，$\bar{y}_{i\cdot}$ は添え字 j についての平均 ($\bar{y}_{i\cdot} = \sum_{j=1}^{r} y_{ij} / r$)，$\bar{y}_{\cdot j}$ は添え字 i についての平均 ($\bar{y}_{\cdot j} = \sum_{i=1}^{a} y_{ij} / a$)，$\bar{\bar{y}}_{\cdot\cdot}$ は総平均 ($\sum_{i=1}^{a} \sum_{j=1}^{r} y_{ij} / ar$) を表すものとする。

1　$r \sum_{i=1}^{a} \bar{y}_{i\cdot}^2$

2　$a \sum_{j=1}^{r} \bar{y}_{\cdot j}^2$

3　$\sum_{i=1}^{a} \sum_{j=1}^{r} y_{ij}^2$

4　$r \sum_{i=1}^{a} (\bar{y}_{i\cdot} - \bar{\bar{y}}_{\cdot\cdot})^2$

5　$a \sum_{j=1}^{r} (\bar{y}_{\cdot j} - \bar{\bar{y}}_{\cdot\cdot})^2$

【題意】　一元配置実験データを分散分析するための計算方法を問う問題。

【解説】　因子 A，水準数 a，繰返し数 r の一元配置の実験データを分散分析するために行う計算方法を試す問題である。

一元配置法におけるデータの変動は

　　(総変動) = (群間変動) + (群内変動)

に分けられる。ここで，群間変動とは因子 A による効果であり，群内変動とは繰返

しのばらつきによる誤差変動である。

因子Aの効果とは，因子Aの水準が変わったときの変動，つまり水準iごとの平均値と全体の平均値との差の2乗和に繰返し数rを乗じたものになる。よって，選択肢4が正しい式である。一般的に因子Aの効果S_Aを求める計算式は

$$S_A = \frac{\sum_{i=1}^{a}\left(\sum_{j=1}^{r} y_{ij}\right)^2}{r} - CF$$

ここで，$CF = \dfrac{データの総和の2乗}{データの総数} = \dfrac{\left(\sum_{i=1}^{a}\sum_{j=1}^{r} y_{ij}\right)^2}{ar}$

が利用されるが，上式による因子Aの効果S_Aの結果も4による計算結果も同じである。

【正解】 4

問 11

測定標準とトレーサビリティに関する次の記述の中から，誤っているものを一つ選べ。

1 国家標準間の同等性は，各国の国家計量標準機関によって行われる国際比較で確認される。

2 現場の測定値が国家標準にトレーサブルであるためには，測定器が国家計量標準機関によって直接校正される必要はなく，JCSS登録事業者によって校正されてもよい。

3 SI単位で表記されていない測定の結果は，国家標準にトレーサブルにすることができない。

4 社内校正によりトレーサビリティを確保するためには，標準の維持管理だけでなく，測定器を校正する手順などを含めた校正システムを整備して，不確かさを求めておくことが必要である。

5 測定器の校正後の測定値に付けられる不確かさの中には，校正に用いられる標準の値の不確かさも含まれる。

[題意] 国家標準の国際比較，および測定のトレーサビリティの意味について問う問題。

[解説] トレーサビリティの確保は国内のみではなく国際的な実現が必要となっているが，その実現には各国の国家標準の同等性を確保することが重要であり，そのために国家標準機関は国家標準を国際比較し整合性の評価を行っている。

トレーサビリティの確保を普及させるため，JCSS 制度が確立され JCSS 登録事業者によって校正された結果は，国家標準にトレーサブルであることが公に認められている。

SI 単位で表記されていない測定結果であっても，その測定量を SI 単位による測定は可能であるからトレーサビリティを取ることはできる。よって，**3** は誤り。

トレーサビリティの確保に必要なことは，校正された標準を使用し，不確かさ評価が可能な校正手順を含めた校正システムを構築しておくことが重要である。また，校正の不確かさには必ず校正に用いる標準の不確かさが含まれる。

[正解] 3

[問] 12

測定のトレーサビリティに関する次の記述の中から，誤っているものを一つ選べ。

1 国家標準へのトレーサビリティが確認されている測定器を用いていても，測定器の保守が不適切であったり，測定器の仕様で保証されていない環境下での測定を行っている場合，測定結果に大きな誤差が含まれることがある。

2 測定標準を用いて測定器を校正する際，校正結果に対する不確かさが評価されていなければ，校正された測定器とその測定標準の間にトレーサビリティが成立しているとは言えない。

3 開発の目的で使用している測定器は国家標準へのトレーサビリティを確実にしておく必要があるので，コストがかかっても，全ての測定器について，校正証明書が発行される外部校正を定期的に受けなければならない。

4 トレーサビリティを確保することにより、測定結果の正確さを把握することが可能となる。

5 社内での整合性のみが必要な測定については、安定な社内標準を用いて測定器の校正を行っておけば、必ずしも国家標準へのトレーサビリティを成立させる必要はない。

[題意] 測定のトレーサビリティを確保する上で必要な不確かさの性質、およびトレーサビリティの必要性について問う問題。

[解説] 測定器がトレーサビリティの取れている標準で校正されていたとしても、測定器の保守・管理が不適切であったり、使用する環境条件が校正したときと異なるような場合、測定結果に誤差が生じることが考えられる。

トレーサビリティの確保には、不確かさの表記が必要である。測定標準で校正する際には不確かさ評価を行うことが必須事項である。トレーサビリティをとる目的は、測定結果の不確かさを示すことによって信頼性を確保しようというものである。そうすることで、対外的な取引、貿易、および適合性評価などがスムーズに進展することになる。したがって、仮に企業内のみで完結するものや企業内の開発が目的で行う測定については、必ずしも測定のトレーサビリティを確保する必要性はない。よって、**3**は誤り。

[正解] 3

[問] 13

測定器の校正に関する次の記述の中から、誤っているものを一つ選べ。

1 使用環境の変化などによって生じる測定器の目盛りの狂いを修正するために、測定器の校正が行われる。

2 実際の製品を測定したときの誤差の大きさは、測定標準を測定したときの誤差の大きさと必ず一致する。

3 測定器の校正方法には比例式校正や一次式校正などいくつかの方法があるが、使用する校正方法によって校正後の測定誤差の大きさが異なることがある。

4 作業現場などで日常的に測定器の校正や点検を行う場合，使用する標準の数を決める際には校正にかかるコストを考慮することも必要である。

5 測定器の校正を行っても，測定の偶然的なばらつきを減少させることはできない。

【題意】 測定器を校正する目的および校正した後の誤差について理解を問う問題。

【解説】 測定器は製造された段階でメーカが校正して出荷されるが，その後，ユーザが使用していく過程において使用環境の変化や測定器の経年変化などによって測定器の出力（読み値）は狂ってくるものである。その狂いによるかたより誤差を修正または補正するため校正を定期的に行うのである。ただし，測定器が持つ固有の偶然的なばらつきは校正を行ったとしても除くことはできない。

実際の製品を測定したときの誤差は，測定標準を測定したときの誤差より通常大きくなる。その理由としては，測定標準は実際の製品より安定していることや，実際の製品の測定では校正された目盛り以外で使用されることが多いことなどが考えられる。よって，**2** は誤り。

測定器の校正方法は，その測定器の使用状況に対応した方法を選ぶことが重要である。一般に，使用する校正式が異なると校正した後の測定誤差は変わってくる。

測定器の校正・点検を行う目的は，その測定器で行う計測結果の誤差を小さくするためであるが，計測に要求される精度に応じたものであることが重要である。つまり，計測にかかるコストは製造する品物のコストに反映するから測定器の校正・点検する周期，校正の方法および使用する測定器の選択においては，計測に求められる精度（不確かさ）に応じ，無駄なコストをかけない選択および方法を決定することが重要である。

【正解】 2

問 14

測定量の値がゼロであるとき読みがゼロになることがあらかじめわかっている測定器の校正を行う。値 x_0 が十分正確にわかっている標準を一つ用意し，これを r 回測定したときの読みが y_i $(i = 1, 2, \cdots, r)$ であった。この結果を用いて，測定量の範囲 $0 \sim x_0$ の全域で利用可能な，零点比例式にもとづく校正式を作成する手続きとして，正しいものを次の中から一つ選べ。

ただし，$\bar{y}$ は y_i の平均値 $(\bar{y} = \frac{1}{r}\sum_{i=1}^{r} y_i)$ である。また，校正式とは，真値 x が不明の測定量を測ったときの読みを y とするとき，x に対する推定値 $\hat{x}$ を y を用いて表す式とする。

1 $d = \bar{y} - x_0$ を計算し，これを用いて $\hat{x} = y + d$ とする。
2 $d = \bar{y} - x_0$ を計算し，これを用いて $\hat{x} = y - d$ とする。
3 $b = \dfrac{\bar{y}}{x_0}$ を計算し，これを用いて $\hat{x} = by$ とする。
4 $b = \dfrac{\bar{y}}{x_0}$ を計算し，これを用いて $\hat{x} = \dfrac{y}{b}$ とする。
5 $b = \dfrac{\bar{y}}{x_0}$，$d = \bar{y} - x_0$ を計算し，これらを用いて $\hat{x} = by + d$ とする。

[題意] 零点比例式校正の校正式に関する問題。

[解説] 設問により確認できることは，標準は1個で値が x_0，また，零点比例式の校正式は定数項を持たない傾斜校正であるということである。よって，**1** と **2** と **5** は誤りである。

傾斜校正を表す感度係数の計算は，**3** と **4** ともに同じで

$$b = \frac{\bar{y}}{x_0}$$

である。これを校正式に代入してみると

（**3** の場合）

$$\hat{x} = by = \frac{\bar{y}}{x_0} y$$

となり，標準の値 x_0 を測定したときの読みの期待値 $\bar{y}$ を y に代入しても $\hat{x}$ が x_0 にならない。

（**4** の場合）

$$\hat{x} = \frac{y}{b} = \frac{y}{\bar{y}/x_0} = \frac{x_0}{\bar{y}} y$$

となる。同様に標準の値 x_0 を測定したときの読みの期待値 $\bar{y}$ を y に代入すると $\hat{x}$ が x_0 となり正しい。

[正解] 4

[問] 15

測定器の校正後の誤差の大きさを表す測度に測定の SN 比がある。測定の SN 比は，信号因子として値の異なる測定対象 M_i $(i = 1, 2, \cdots, k)$ を測定したとき，それらの読み y_i $(i = 1, 2, \cdots, k)$ が測定対象の変化に正しく応答しているかどうかを表す。測定の SN 比やその算出に関する次の記述の中から，誤っているものを一つ選べ。ただし，β は定数である。

1　$y = \beta M$ の関係を想定し，測定器の読み y を β で割って測定対象の真の値を推定するのが比例式校正である。
2　$y = \beta M$ を仮定したときの回帰分析における誤差分散を σ^2 としたとき，比例式校正をした後の誤差分散は σ^2/β^2 で与えられ，その逆数が SN 比である。
3　$y = \beta M$ を仮定したときの回帰分析における誤差分散を σ^2 としたとき，校正せずに読み y をそのまま真の値の推定値とする場合の誤差分散は σ^2 である。
4　適切な測定誤差の評価実験では，測定誤差の原因になるような誤差因子を取り上げる必要がある。
5　測定の SN 比を用いると，感度調整をしないままの測定器による測定データから，感度調整をした後の誤差の大きさを予測することが可能である。

[題意] 比例式校正における測定の SN 比の計算方法，および測定の SN 比の実験における考え方などを問う問題。

[解説] 標準 $M_i(i=1,2,\cdots,k)$ を測定したときの読み $y_i(i=1,2,\cdots,k)$ によって行う比例式校正の関係式は

$$y = \beta M \tag{1}$$

で,測定対象の真の値を推定する校正式は

$$\hat{M} = \frac{y}{\beta} \tag{2}$$

となる。しかし,式 (1) において y には誤差 e が生じるから実際には式 (1) は

$$y = \beta M + e$$

となり,校正式 (2) は実際には

$$\hat{M} = \frac{y}{\beta} + \frac{e}{\beta} \tag{3}$$

となる。よって,式 (2) と式 (3) の差

$$\frac{e}{\beta}$$

が真の値の誤差の推定値となる。ここで,e を読み値の誤差分散 σ^2 と表し,測定の良さとするため逆数にした値

$$\frac{\beta^2}{\sigma^2}$$

が測定の SN である。σ^2 は比例式校正した後の読み値の誤差分散を表している。したがって,比例式校正をしないで読み y をそのまま真の値の推定値とすれば,傾斜校正しないことによる誤差の分だけ大きくなる。よって,**3** は誤り。

誤差の評価を行う実験で重要なことは,実際の使用条件を考え誤差の原因となる要因を実験に取り上げて行うことである。測定の SN 比は校正した後の測定誤差を評価する指標として用いられる。

[正解] 3

[問] 16

測定の SN 比 η は,感度係数 β の 2 乗と読みの誤差分散 σ^2 を用いて,$\eta = \beta^2/\sigma^2$ で与えられる。測定の SN 比 η に関する次の記述の中から,誤っているものを一つ選べ。

1 測定器の読みのばらつきが小さくなっても,SN 比は大きくなるとは限らない。

2　信号因子の水準値の絶対値が不明でも水準間の差がわかるものであれば，SN比は求められる。

3　SN比を分散分析する場合にはデシベル変換されたものが用いられる。

4　測定対象が同じ二つの測定器の読みの単位が異なる場合，信号因子の単位が同じであっても，求められたSN比の単位は異なるものとなる。

5　SN比は，測定器や測定方法の良否の比較をするときに用いることができる。

[題意] SN比の特徴や性質について問う問題。

[解説] 測定のSN比 η は，感度係数 β の2乗と読みの誤差分散 σ^2 の比

$$\eta = \frac{\beta^2}{\sigma^2}$$

で表される。よって，測定器のばらつき σ^2 が小さくなっても感度係数 β が同じように小さくなると変わらない。

SN比は信号因子の水準値の絶対値が不明であっても水準間の差や比がわかればSN比は求められる特徴がある。求めたSN比はデシベル値に変換することで加法性が得られるため分散分析する場合に便利となる。

出力値が単位の異なる測定器の優劣や測定方法の良否を比較する場合でも，測定のSN比で評価すれば出力値の単位に関係なく比較が容易にできることもSN比の特長である。よって，**4**は誤り。

[正解] 4

[問] 17

伝達関数 $G(S)$ が $1/(1 + TS)$ の一次遅れ系で与えられる制御系がある。ここで T は時定数と呼ばれる定数である。この制御系に関する a～e の記述のうち，正しいものの組合せを **1**～**5** の中から一つ選べ。

a　この制御系の単位ステップ応答波形は $1 - \exp(-t/T)$ で表される。

b　この制御系の単位ステップ応答波形は $\exp(-t/T)$ で表される。

c　T を求めるには，単位ステップ応答について，原点での接線が定常値に

交わるまでの原点からの時間を求めればよい。

d　Tを求めるには，単位ステップ応答について，定常値の36.8%に達するまでの原点からの時間を求めればよい。

e　Tを求めるには，単位ステップ応答について，定常値の63.2%に達するまでの原点からの時間を求めればよい。

1　bとc

2　bとe

3　aとd

4　bとd

5　aとcとe

〔題意〕　一次遅れの伝達関数の単位ステップ応答における時定数に関する問題。

〔解説〕　一次遅れの伝達関数 $G(S)$ は設問により次式で与えられている。

$$G(S) = \frac{1}{1 + TS}$$

この場合のステップ応答 $u(t)$ は

$$u(t) = 1 - e^{-t/T}$$

となりaの記述は正しい。また，応答波形は以下の図で示される太い実線のようになる。

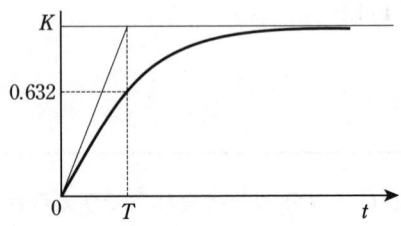

上記の図で示すように原点での接線が定常値（$K=1$）に交わるまでの時間が時定数 T である。また，そのときの応答値が K の63.2%に達したときでもある。よって，cとeの記述は正しい。

〔正解〕　**5**

問 18

ある測定器によって得られた数値データが10進数で「111」であった。この値を8ビットのデジタル量として表現するために2進数へ変換した数値として，正しいものを次の中から一つ選べ。

1　0000 0111
2　0101 1010
3　0110 1111
4　0110 0100
5　1010 1111

題意　10進数から2進数に変換する方法を試す問題。

解説　10進数の「111」を2進数に変換する方法を以下に示す。

$$111 \div 2 = 55 \cdots 余り \ 1$$
$$55 \div 2 = 27 \cdots 余り \ 1$$
$$27 \div 2 = 13 \cdots 余り \ 1$$
$$13 \div 2 = 6 \cdots 余り \ 1$$
$$6 \div 2 = 3 \cdots 余り \ 0$$
$$3 \div 2 = 1 \cdots 余り \ 1$$
$$1 \div 2 = 0 \cdots 余り \ 1$$

よって，2進数に変換した値は $(110\ 1111)_2$ であり7ビットで表すことができるが，8ビットで表すと $(0110\ 1111)_2$ となる。

正解　3

問 19

計量管理におけるコンピュータの利用に関する次の記述の中から，誤っているものを一つ選べ。

1　製造工程にコンピュータを導入することにより，製造工程の稼働状況を長時間にわたって記録し，その結果を効率よく解析することができる。

2 計量管理活動にコンピュータを使用し，データの取り扱い方の標準化を行うことで，計測管理担当者の間で測定データを相互利用することが容易となる。

3 アナログ信号の量子化においては，連続的な量の大きさが幾つかの区間に区分され，各区間内では同一の値とみなされる。

4 アナログ信号をAD変換して得られたデジタル信号を，さらにDA変換によりアナログ信号に戻すとき，元の信号との差は生じない。

5 計測管理システムの構築では，測定器とコンピュータを合わせたハードウエアだけでなく，測定結果の処理や管理を行うためのソフトウエアの適切な設計や選択も重要である。

【題意】 計測管理にコンピュータの利用を導入する場合の考え方およびAD変換，DA変換に関する知識を問う問題。

【解説】 コンピュータを導入することでさまざまなデータを大量に記録することが可能となり，また，その結果の解析も効率よく処理することが可能となる。さらに，取り扱うデータを一定に整理することでデータの形式が標準化される効果もあり，結果としてデータの相互利用が容易になる。

アナログ信号をコンピュータで処理するためにはデジタル変換（AD変換）する必要があるが，変換に伴い量子化誤差が生じる。これはアナログ量を階段的に区分するので，ある区間内では同一のデジタル量となるためである。アナログ信号をAD変換する場合，AD変換器のビット数によって分解能が決まってしまう。また，デジタル信号になったものを再度アナログ信号に戻すときも，DA変換器のビット数によって直線性の良さが決まることになる。したがって，AD変換して再びDA変換しても元のアナログ信号に復元できるとは限らない。よって，**4**は誤り。

コンピュータの導入においては，測定器とコンピュータを繋ぐためのハードウェアだけではなく，測定器から取り込んだデータをうまく処理するためソフトウェアの設計と導入も重要である。

【正解】 **4**

問 20

アイテムの信頼性の評価において，信頼度関数 $R(t)$ は，運転開始を $t = 0$ として，ある時点 t で全体の何％が機能しているかを表す。信頼度関数に関連する次の記述の中から，誤っているものを一つ選べ。ただし，$F(t) = 1 - R(t)$ は故障分布関数又は不信頼度関数といい，ある時点 t までの累積故障率を表している。$F(t)$ を時間 t で微分した $f(t)$ を故障密度関数と呼んでいる。すなわち，

$$f(t) = \frac{dF(t)}{dt}, \ F(t) = \int_0^t f(t)\,dt$$

である。

1 $R(0) = 1$ で，運転開始時点では，全体の100％が機能している。

2 $R(\infty) = 0$ で，時間が十分たつと，全体の100％が機能しなくなる。

3 $R(a) - R(b)$ は，時間 $t = a$ から $t = b$ の間に故障が起こる確率を表し，故障分布関数で表せば $F(a) - F(b)$ に等しい。

4 $\lambda(t) = f(t)/R(t)$ は故障率関数であり，ある時点 t まで無故障であったものが微小時間内に故障する割合である瞬間故障率を表す。

5 $\int_0^\infty t f(t)\,dt$ は最初の故障までの平均時間であり，非修理アイテムでは平均故障寿命（MTTF）を表す。

【題 意】 信頼度関数，故障分布関数（不信頼度関数）および故障率の定義などの理解を試す問題。

【解 説】 設問の記述のとおり，信頼度関数 $R(t)$ は，運転開始を $t = 0$ として，ある時点 t において機能を満たしているアイテムの割合を表している。

運転開始時の $t = 0$ においては全体が機能しているから $R(0) = 1$ で，100％機能していることになる。そして，時間が十分たったとき，つまり $t = \infty$ になれば $R(\infty) = 0$ となりすべて機能しなくなる。

信頼度関数 $R(t)$ と故障分布関数（不信頼度関数）$F(t)$ との関係は

$$R(t) + F(t) = 1$$

である。よって

$$R(a) - R(b) = (1 - F(a)) - (1 - F(b)) = -F(a) + F(b) = F(b) - F(a)$$

となり，**3**は誤り。

故障率には瞬間故障率と平均故障率があり，一般に故障率という場合は瞬間故障率$\lambda(t)$をいい，ある時点tまで機能していたものが微小時間内に故障する割合を表す。MTTF（mean time to failure）とは，修理しないアイテムにおいて故障するまでの時間の平均値をいう。

［正解］**3**

［問］**21**

品質管理に用いる統計的手法に関する次の記述の中から，誤っているものを一つ選べ。

1　製品特性のばらつきを調べるために，100個の製品について製品特性の目標値からのずれのデータをとり，横軸にずれの大きさの区分，縦軸にその個数をとったヒストグラムを作成した。

2　毎日の工程状態が安定していることを確認するために，工程内の重要な管理特性について$\bar{x}$—R管理図を作成した。

3　同一製品を工程A，Bの二つの製造ラインで製造しているとき，A，Bからそれぞれの製品を100個ずつとり，その特性値を測定した。その結果を平均値と標準偏差で表したところ，平均値はほぼ同じであったが，標準偏差に1.5倍の差があった。そこで，工程のばらつきにAとBで有意な差があるかどうかを検定した。

4　工程中の不良項目を横軸に，不良件数を縦軸にとり，発生件数とその累積割合を項目別に示したパレート図を作成すれば，不良項目と不良件数の間の相関係数を求めることができる。

5　品質管理に用いる統計的手法は，一つの問題解決に対して複数の方法が存在する場合があり，いくつかの方法の中から適切な方法を選ぶことが重要である。

［題意］品質管理で用いるQCの七つ道具，および統計的検定について知識を問う問題。

解説 ヒストグラムはデータの分布状態を観たいときに用いるもので，全体の中心やばらつきの程度がわかる。

管理図は工程の状態が安定しているかを監視するために用いられる。

母集団 A と B の間のばらつきに差があるかどうかの検定は，F 分布を利用した F 検定で判定できる。

パレート図は，例えば不良項目の絞込みを行って重点にすべき項目を選び対策を行うことで，不良件数を効率的に減らすことを目的とするようなときに用いる。

相関係数は独立した 2 組のデータ x, y の関係の度合いを観るときに用いるものである。よって，**4** は誤り。

正解 4

問 22

検査に関する次の記述の中から，最も適切なものを一つ選べ。

1　製品をロット単位の抜き取り検査で選別することにより，ロット内のばらつきを小さくすることができる。

2　工程管理が良好で製品のばらつきが小さい場合でも，全数検査をすべきである。

3　検査のための合否判定では，その判定に使用する測定値の不確かさは考慮しなくてもよい。

4　検査によって製品特性が損なわれる場合には，全数検査よりも抜き取り検査が適している。

5　臭いや味といった項目を人が検査する官能検査は，検査者によって判断が異なるので実施すべきではない。

題意 製品検査の目的，考え方などの理解を問う問題。

解説 ロット単位の抜き取り検査とは，ロットからあらかじめ定められた抜取検査方式に従って，サンプルを抜き取って試験し，その結果をロット判定基準と比較してロットの合否を判定する検査である。ロット内のばらつきを小さくする目的で行うわけではない。

工程管理が良好で製品のばらつきが小さいことがわかっているのであれば，全数検査を行う必要性はなく，無検査にするか，管理の目的で行う抜取検査などが適していると考えられる。

検査の判定のために行う測定値の不確かさが大きいと，同じ製品でも測定のたびに合格になったり不合格になったりすることが予想される。よって，判定の公差に対して不確かさは十分小さいことが望ましい。通常，公差に対して少なくとも1/3〜1/4以下の不確かさが望まれる。

抜取検査を行う例として
・検査により品質が破壊される項目である場合
・検査に多くの時間，労力，費用がかかる項目の場合
・無検査項目の管理検査の場合
・工程情報を得るための検査の場合

などが考えられる。よって，**4**は適切である。

官能検査とは，人間を一つの計測器と考え，人間の感覚（覚・聴覚・味覚・臭覚・触覚）を用い，モノやさまざまな特性（品質特性）を一定の手法に基づいて評価・測定あるいは検査するものである。確かに官能検査は検査者によるばらつきが予想されるが，年齢・性別などのパネル構成をそろえ複数の人数にする。測定条件を整える。結果を統計的に解析するなどの工夫することで一定の判定が可能となると考えられる。

[正解] 4

[問] 23

$\bar{x}-R$ 管理図に関する次の記述の中の下線部ア〜オの正誤の組合せとして正しいものを**1〜5**の中から一つ選べ。

$\bar{x}$ 管理図の部分では，工程の平均の動きを見るために，同時にとったサンプル n 個のデータの平均値 $\bar{x}$ を縦軸にとる。$\bar{x}$ 管理図の上方管理限界と下方管理限界は，ア 全ての群の範囲 R の平均値 $\bar{R}$ の値に群の大きさ（サンプル数）n によって決まる係数を乗じた値から求められ，多数のデータから求めた総平均値 $\bar{x}$ か

ら, ᵢ異なる距離に設定される。

一方, R 管理図の部分では, 工程の ᵤばらつきを見るためにサンプル n 個のデータの範囲 R を縦軸にとる。R 管理図の管理限界は, ᴱ全ての群の範囲 R の平均値 $\bar{R}$ の値に群の大きさ n によって決まる係数を乗じた値として求められる。群の大きさ n が 6 以下の場合は, R 管理図の下方管理限界は, 群の大きさから決められる係数が ₒゼロ以下となるので必要ない。

	ア	イ	ウ	エ	オ
1	正	正	誤	正	誤
2	正	誤	正	正	正
3	誤	誤	正	正	誤
4	正	正	誤	誤	正
5	誤	誤	正	誤	正

〖題 意〗 $\bar{x}$-R 管理図に関する各種の管理値の求め方について問う問題。

〖解 説〗 $\bar{x}$-R 管理図における管理図の上方管理限界 (UCL) と下方管理限界 (LCL) は

$$\mathrm{UCL} = \bar{\bar{x}} + A_2 \bar{R}$$
$$\mathrm{LCL} = \bar{\bar{x}} - A_2 \bar{R}$$

で求められる。ここに, A_2 はサンプル数 n の大きさによって決まる係数である。上の二つの式は符号が異なるが, $\bar{\bar{x}}$ に同じ値が加算されるか引き算された値をとるので総平均値 $\bar{\bar{x}}$ から同じ距離に設定されることになる。

R 管理図は, ばらつきを見るための管理図で, 管理限界はそれぞれ

$$\mathrm{UCL} = D_4 \bar{R}$$
$$\mathrm{LCL} = D_3 \bar{R}$$

で求められる。ここに, D_4 と D_3 はサンプル数 n によって決まる係数である。

R 管理図において, サンプル数 $n = 6$ 以下の場合は下方管理限界線は設定しないことになっている。

〖正 解〗 2

問 24

計量管理の業務を行うに当たっていろいろな手法が用いられる。次の記述の中から不適切なものを一つ選べ。

1　ある測定方法を採用するに当たり，測定の目的に対して十分であるかどうかの検討事項の一つとして，国際文書「計測における不確かさの表現のガイド」に従って測定の不確かさを評価した。
2　製品の許容差に比べ測定の不確かさが大きいので，測定方法の改善のために，測定条件を制御因子として取り上げたパラメータ設計の実験を行った。
3　ある測定方法において測定値のトレーサビリティを確保するために，外部のJCSS登録事業者に測定器のJCSS校正を依頼した。
4　測定器のばらつきとかたよりに異常がないことを監視するために，管理用試料を定期的に測定する np 管理図（不適合品数の管理図）を用いた。
5　測定担当者に測定を習熟させるために，測定現場で熟練者が教えるOJT（On the Job Training）による教育訓練を行った。

[題意]　計測管理を行う上で考えられるいろいろな手法について知識を試す問題。

[解説]　計測とは，特定の目的を持って，実物を量的にとらえるための方法・手段を考究し，実施し，その結果を用いて所期の目的を達成させることである。計測の役割を考えると，ある目的が明らかになったならば，つぎにそのために何を測るかという測定の対象を決め，そのつぎには何を使ってどのように測るかを考えることになるが，このときには目的に対して十分な精度が得られるかを考えなければならない。つまり，測定結果の不確かさを評価することは目的を達成させるために重要な事項である。

パラメータ設計とは，安定性のある設計を目標とし，使用条件や環境条件の影響ができるだけ小さくなるような設計定数の水準を探すことを目的とする方法をいう。パラメータ設計の直交表実験では，誤差因子や信号因子を外側に割付けて実験を行い，得られたデータから内側因子（制御因子や標示因子）の条件ごとにSN比

を求め，SN 比が最も良くなる内側因子の水準を求めることでばらつきを改善することができる。

JCSS 登録事業者とは，計量法校正事業者登録制度における登録事業者をいい，測定器の校正事業を行う事業者であって，計量法および ISO/IEC 17025（試験所及び校正機関の能力に関する一般要求事項）の要求事項を満足していることを，認定機関により認定された事業者として登録された事業者をいう。JCSS 登録事業者が行う測定器の校正証明書には，JCSS 認定の標章（シンボルマーク）を付すことができ，トレーサビリティがとれている証となる。

np 管理図とは，計数値の管理図であり，サンプルの大きさが一定のとき，不適合品の数によって，工程を管理する場合に用いる方法である。測定器のばらつきとかたよりに異常がないことを監視する場合には，得られるデータが計量値であるから $\bar{x}-R$ 管理図や $\bar{x}-s$ 管理図を用いることになる。よって，**4** は誤り。

測定を習熟させるためには，測定にかかる理論などの知識だけではなく実際の操作を含む実技・技能が伴わないと習熟度は上がらない。実技・技能の教育訓練は，現場で行う OJT が有効的な方法といえる。

[正解] **4**

[問] **25**

社内標準化に関する次の記述の中から，誤っているものを一つ選べ。

1 製品の不良率を低減させるためには，社内標準化だけでは十分ではない。

2 自動化されて人手のかからない工程に対する標準化は必要ない。

3 製品の合否判定方法の標準化を行うことによって，判定のミスが減る。

4 技術の成熟した製品の仕様の標準化は，部品の種類の減少につながり，メンテナンス性の向上や価格の低下など，消費者にとっても有利である。

5 作業者の教育・訓練のために，工程の標準化の中で作成した文書類を利用することができる。

[題意] 標準化を行う目的とその効果について問う問題。

[解説] 社内標準化の対象としては，材料，部品，製品などのモノの場合と，

仕事のやり方，作業方法，検査方法などの方法の場合がある。モノを標準化した場合は種類の減少によるミスの低減，作業効率の向上，またメンテナンス性の向上や価格の低下に繋がる。一方，方法を標準化した場合は，製品特性のばらつきの低減，作業・判定のミスの低減，また，技術の改善や業務の効率化などに繋がる。

　自動化された工程とは，人が行う操作・判定等を自動にしたものであって，作業や方法が標準化されているとは限らない。自動化と標準化とは内容が異なるものである。よって，**2**は誤り。

　工程の標準化の中で作成した文書類には，作業者のための作業方法，作業条件，管理方法，使用設備などについて標準化された文書が含まれるものと考えられ，教育・訓練のテキストとして利用することができる。

[正 解] 2

2.2 第60回（平成22年3月実施）

---- **問 1** ----

計測管理の活動と進め方に関する次の記述の中から，誤っているものを一つ選べ。

1 計測管理では，対象となる測定量を明確にし，計測活動の目的を正確に把握して実施することが重要である。
2 計測管理は計測活動の全体を管理することであるが，計測管理担当者は企業における生産技術の開発や製造工程の設計などに関わることも重要である。
3 計測管理では，測定計画の実施，測定結果の評価，測定機器の管理，計測管理活動の標準化などが行われる。
4 測定機器の管理活動では，測定機器の購入，保守，校正，管理マニュアルの作成，標準の確保などが必要である。
5 使用する測定機器を決める際には，計測管理の目的にかかわらず，できる限り分解能の高い測定機器を選ぶべきである。

【題意】 計測管理の活動の進め方について基本的な考え方と，使用する測定機器を選定する際に考えるべきことを問うもの。

【解説】 計測とは「特定の目的をもって，事物を量的にとらえるための方法・手段を考究し，実施し，その結果を用いて所期の目的を達成させること」と定義されているように，計測は目的から達成までのプロセスが重要である。計測のプロセスは以下のような内容が考えられる。

① 「何のための計測か」という目的を明らかにする。
② 「何を測定するか」という測定対象を明らかにする。
③ 「何で測るか」という測定器の必要精度を明らかにする。
④ 「どのように測るか」という効率のよい測定方法を考える。
⑤ 「測定結果はどうか」という目的に対しての評価をする。

計測管理の範囲は会社全体にかかわる場合があり，特に生産技術の開発や製造工

程の設計などの生産準備段階までに行う計測をオフライン計測管理といい，効率のよい計測が行うことができる製造工程の実現が期待できる。よって，計測管理担当者はこうした部門にもかかわることが重要である。

測定機器の管理は計測管理活動の重要な事項であり，計測器の購入から保守・校正・管理等に関する手順を定めて行うことが必要である。測定器の選定や購入において重要なことは使用する目的に適した精度の測定器を決定することにある。精度不足では役に立たないが，必要以上の機器にすることも不経済である。よって，**5**は誤りである。

〔正解〕 5

問 2

生産システム全体に関わる計測システムにおける計測管理の進め方に関する次の記述の中から，誤っているものを一つ選べ。

1 製品の開発・設計・生産準備段階では，製品の機能から要求される測定技術の開発や測定方法の選定，試作品の計測などを行う。

2 計測管理を効率的に行うためには，測定データの処理方法の検討が重要であり，必要に応じて統計的手法を利用する。

3 工程設計段階では，工程に必要な測定技術の開発と選定，工程のシミュレーションによる測定の研究，測定誤差の予測などを行う。

4 製品の高品質化のためには，コストが高くても，測定されたデータを常に開発や設計へフィードバックできるようにする。

5 計測管理のため，日々進歩する測定技術や標準化手法などに対応した教育・訓練を，計測の担当者および計測の管理者に対して実施する。

〔題意〕 生産システム全体から見た計測システムを考える場合の計測管理に関するもので，オフライン計測管理の知識，計測管理における経済性の必要性などを問うもの。

〔解説〕 生産工程における計測管理は，オンライン計測管理とも呼ばれ，製造される品物が目標どおりになるように計測を行いながら管理する方法である。一方，

オフライン計測管理と呼ばれる方法は，生産準備段階までの計測管理であり，製品の開発・設計，工程の設計，計測技術の開発，試作品の計測など行う管理である。

計測で得られるデータは重要な情報であり，そのデータからいかに価値を生み出すかは評価方法や処理方法に左右されといってもよい。よって，統計的手法は管理において欠かせない手段である。

製品の品質向上を考える場合には，品質損失と管理コストの両者のバランスが重要である。高品質化しても高価な製品になれば結局その製品は使われないことになってしまうことになる。よって，**4**は誤りである。

計測管理の目的の一つに企業の生産性の向上に寄与することであるが，そのためには，その時代の最新の情報・方法を常に入手するための教育訓練が必要となる。

[正解] 4

[問] 3

SI単位には，基本単位と組立単位がある。固有の名称を持つSI組立単位を基本単位で表した次の組み合わせの中から，誤っているものを一つ選べ。

1　J（ジュール）　　$m^2 \cdot kg/s^2$
2　W（ワット）　　 $m^2 \cdot kg/s^3$
3　Pa（パスカル）　 $kg/(m \cdot s^2)$
4　C（クーロン）　　A/s^2
5　Hz（ヘルツ）　　 s^{-1}

[題意] 固有の名称を持つSI組立単位を基本単位で表す場合の問題。

[解説] SI組立単位の表し方には固有の名称のみで表す方法のほかに基本単位

表

組立量	名称	固有の名称による単位記号	基本単位による表記	他のSI単位による表し方
エネルギー，仕事，熱量	ジュール	J	$m^2 \cdot kg \cdot s^{-2}$	$N \cdot m$
効率，放射束	ワット	W	$m^2 \cdot kg \cdot s^{-3}$	J/s
圧力，応力	パスカル	Pa	$m^{-1} \cdot kg \cdot s^{-2}$	N/m^2
電荷，電気量	クーロン	C	$s \cdot A$	—
周波数	ヘルツ	Hz	s^{-1}	—

で表してもよい。また，固有の名称と基本単位の混在で表してもかまわない。設問にある組立単位について表し方の例を表に示す。

【正解】 4

問 4

測定誤差に関する次の記述の中から，誤っているものを一つ選べ。

1. 誤差を求めるには，JIS Z 8103（計測用語）の定義からわかるように，真の値がわかっていなければならない。
2. 真の値の代用として標準の値が用いられることがある。
3. 標準を利用すれば誤差の大きさの推定が可能である。
4. 真の値が明らかでない場合，測定器や測定方法の性能の評価はできない。
5. SN比誤差は，校正しても除かれない変動分を測定器や測定方法の性能として評価するものである。

【題意】 測定誤差に関する用語の理解を問うもので誤差と性能の違いの知識が問われる。

【解説】 計測用語（JIS Z 8103）による誤差の定義は，測定値から真の値を引いた値である。よって，誤差を求めるためには真の値がわかっている必要があるが，通常，真の値は特別な場合を除き観念的な値で実際には求められない。したがって，真の値の代用として標準の値を用い，誤差の大きさを推定している。

測定器の性能評価や測定方法の優劣の評価には，測定のSN比で評価することができる。SN比を求めるために用いる信号因子は真の値が不明であっても因子の水準が等間隔，または水準の比がわかっていればSN比を求めることができる。よって，4は誤りである。

SN比誤差とは，信号因子として標準を用いてSN比を求めたときの，読み値の誤差分散を感度 β の2乗で除した値である。校正後の誤差分散の平方根で求められる。つまり，校正しても除かれない誤差である。

【正解】 4

----- 問 5 -----

測定の不確かさは, ISO の国際文書「計測における不確かさの表現のガイド」(Guide to the Ex-pression of Uncertainty in Measurement, 略称GUM)において,「測定の結果に付随した, 合理的に測定量に結びつけられ得る値のばらつきを特徴づけるパラメータ」と定義されており, 測定結果の信頼性を表す指標として広く用いられるようになっている。不確かさに関する次の記述の中から, 誤っているものを一つ選べ。

1 デジタル表示の測定器を用いた測定において, 繰り返し測定のデータにばらつきが生じない場合であっても, 測定結果の不確かさはゼロではない。

2 標準偏差として表された不確かさは, 標準不確かさと呼ばれる。

3 同じ測定器を用いていても, 測定量の大きさが異なる場合, 測定結果の不確かさの大きさは一般に異なる。

4 測定器の校正に用いる計量標準の値の不確かさは, 測定器の性能を表すものではないので, 測定結果の不確かさの要因とはならない。

5 測定の不確かさを報告する際には, 合成標準不確かさもしくは拡張不確かさが用いられる。

[題意] 測定の不確かさの要因, 不確かさの表し方などについて問うもの。

[解説] 測定の不確かさの要因の一つとして測定器の指示値(測定データ)のばらつきがあるが, たとえ指示値がばらつかないとしても, その測定器の指示値の分解能の大きさに依存する不確かさが生じる。

計測における不確かさの表現のガイド(略称GUM)においては, 要因ごとに求める不確かさを標準不確かさと称して評価するが, この標準不確かさは統計量の標準偏差としてまたは確率分布を適用して標準偏差相当に変換して表すものとしている。

一般に, 測定器は測る対象の測定量が大きくなれば, それに応じて不確かさも大きくなる。例えば, 計器と呼ばれる測定器の場合, 指示値は測る測定量 M に感度係数 β との積によって表されから, 測定器の指示値の変動も測定量の大きさに応じて大きくなり不確かさも大きくなる。

測定の不確かさの基本的な要因として，その測定器を校正した時の不確かさが含まれるため，校正に用いる標準の不確かさの大きさによって測定の不確かさも異なる。よって，**4**は誤りである。

ガイド（GUM）による不確かさの表現方法は，表記された不確かさの信頼水準がわかるようにして記述することを要求している。一般には信頼水準約95％に相当する包含係数$k = 2$とした拡張不確かさで表記される。合成標準不確かさで表すということは包含係数$k = 1$であり信頼水準約68％を意味する。また，信頼水準の確率と包含係数kの大きさの関係は不確かさを評価したときの有効自由度の大きさにより変化することがある。

〔正解〕 4

------ 問 6 ------

ある測定器を用いて10回の繰り返し測定をした結果，個々の測定値の，平均値からの差の2乗和（変動）が0.0081であった。繰り返し測定のばらつきを表す標準偏差の値として正しいものを，次の中から一つ選べ。

1　0.003
2　0.009
3　0.03
4　0.09
5　0.3

〔題意〕　ばらつきを表す標準偏差の求め方を問うもの。
〔解説〕　標準偏差を求める設問である。測定データの平均値に対する標準偏差sは

$$s = \sqrt{\frac{\sum(x - \bar{x})^2}{n - 1}}$$

で計算できる。上式は平均値からの差の2乗和をデータ数nから1を引いた値$(n-1)$で除して平方根で求める標準偏差の計算式である。

設問により2乗和は0.0081，データ数$n = 10$とあるから，求める標準偏差は

$$s = \sqrt{\frac{0.0081}{10-1}} = \sqrt{\frac{0.0081}{9}} = \sqrt{0.0009} = 0.03$$

となる。

【正 解】 3

問 7

ある工場で生産している機械部品の質量は，平均 250.0 g，標準偏差 2.0 g の正規分布に従うことがわかっている。任意に取り出した1個の機械部品の質量が 253.2g 以上である確率の大きさを下表を利用して計算し，その値に最も近いものを選択肢の中から一つ選べ。

ただし，下表は正規分布の下側確率表で，参考図に示すように標準正規分布の確率密度関数 $\phi(x) = \dfrac{1}{\sqrt{2\pi}} \exp(-x^2/2)$ に対する下側確率 $\varPhi(x) = \displaystyle\int_{-\infty}^{x} \phi(x)\,dx$ の値を，代表的な x の値について示したものである。

表　正規分布の下側確率表

x	0.0	0.1	0.2	0.3	0.4	0.5	0.6	0.7	0.8	0.9	—
$\varPhi(x)$	0.5000	0.5398	0.5793	0.6179	0.6554	0.6915	0.7257	0.7580	0.7881	0.8159	—
x	1.0	1.1	1.2	1.3	1.4	1.5	1.6	1.7	1.8	1.9	2.0
$\varPhi(x)$	0.8413	0.8643	0.8849	0.9032	0.9192	0.9332	0.9452	0.9554	0.9641	0.9713	0.9772

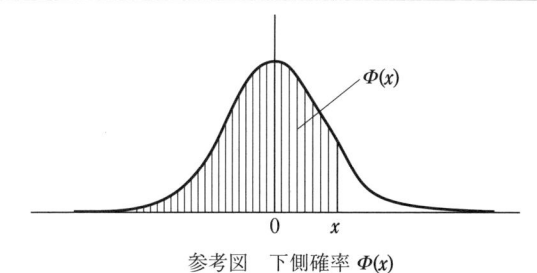

参考図　下側確率 $\varPhi(x)$

1　2.3%
2　5.5%
3　15.9%
4　69.2%
5　94.5%

[題意] 正規分布における確率を求める方法および正規分布表の見方について問うもの。

[解説] 正規分布の確率に関する設問である。平均値 250.0，標準偏差 2.0 の正規分布において，253.2 以上ある確率を求める問題である。設問で示す表の正規分布の下側確率表における x は，平均値からの差を標準偏差に対する比率で表したもの，つまり，$(253.2 - 250)/2 = 1.6$ となる。よって，表から $x = 1.6$ における下側確率は $\Phi(x) = 0.9452$ である。設問では，253.2 g 以上である確率の大きさを問うているのから，下側確率 0.9452 の 1 に対する補数

$$1 - 0.9452 = 0.0548 ≒ 5.5 (\%)$$

が 253.2 g 以上となる確率となる。

[正解] 2

[問] 8

二つの変数 x と y の関係の強さを示すものとして相関係数 r がある。相関係数 r に関する次の記述の中から，誤っているものを一つ選べ。

1　r は，-1 から 1 の範囲の値をとる。
2　$r = 1$ は，x と y の間に完全な直線関係があることを示している。
3　$r = 0$ は，x と y の間に直線関係がないことを示している。
4　$r = -1$ は，x と y の間に完全な直線関係があることを示している。
5　r は，x と y の間の 2 次関数的な依存の強さも示している。

[題意] 相関係数 r に関する知識を問うもの。

[解説] 二つの変数 x と y の間に直線関係があるかどうかを統計的に判定する指標として相関係数 r が利用される。相関係数はどのようなデータであっても $-1 \leqq r \leqq 1$ の範囲にある。

相関係数 r が 1 または -1 になるのは，データにばらつきがなく直線上に一致する場合であり，$r = 1$ のときは正の相関であり，$r = -1$ のときは負の相関である。また，$r = 0$ のときは相関がない場合である。相関係数は直線関係の度合いを示すもので 2 次関数的な依存は含まれない。

【正 解】 5

---- 【問】9 ----

実験計画法は，合理的に因子を割り付けて，効率的な実験の実施と解析ができるような実験を計画する手法である．次の (a) から (e) の記述は，実験計画法の要点を記述したものである．(ア) から (オ) の空欄に入る語句として正しい組み合わせを，下の 1 〜 5 の選択肢の中から一つ選べ．

(a) 実験計画法を利用することにより，因子として取り上げたさまざまな条件の影響の程度を（ア）に評価できる．

(b) 分散分析では，誤差分散と要因効果の分散の大きさを比較するために分散比を求め，その有意性を（イ）する．

(c) 要因の（ウ）は，分散分析の要因効果の変動から誤差による変動分を差し引いた純変動を求め，その全変動に対する割合で示す．

(d) 分散分析では，全ての要因効果は加法的であり，実験誤差は独立で（エ）母分散をもって正規分布していることが一般に仮定されている．

(e) 二つの因子を取り上げて 2 因子実験を行うとき，（オ）を明らかにするためには，因子の水準の組み合わせごとの繰り返しが必要である．

	（ア）	（イ）	（ウ）	（エ）	（オ）
1	定量的	t 検定	寄与率	同一の	交互作用
2	定性的	F 検定	相関	異なる	主効果
3	定量的	F 検定	寄与率	同一の	交互作用
4	定性的	t 検定	相関	異なる	交互作用
5	定量的	F 検定	寄与率	同一の	主効果

【題 意】 実験計画法および分散分析に関する基本的な知識を問うもの．

【解 説】 実験計画法に関する知識を問うものである．実験計画法を利用すれば因子として取り上げたさまざまな条件について系統的にデータを採ることができ，効率的に情報を引き出し，因子の影響度を定量的に評価することができる．

分散分析とは，因子によるばらつき（要因効果）と，それ以外のばらつき（誤差分散）の大きさを比較するため分散比を求め，その有意性を F 検定により判定する。t 検定は，平均値の差の検定，または平均値の区間推定を行うときに採用され，対象母集団の標準偏差が未知の場合に用いられる。

要因の寄与率は，分散分析の要因効果の変動から誤差による変動分を差し引いた純変動を求め，その全変動に対する割合で示す。

分散分析では，すべての要因効果は加法的であり，実験誤差は独立で同一の母分散をもって正規分布していることが一般に仮定されている。

二つの因子を取り上げて2因子実験を行うとき，交互作用を明らかにするためには，因子の水準の組合せごとの繰返しが必要である。

[正解] 3

[問] 10

次のグラフは，繰り返しのある二元配置（因子Aと因子B）の実験において，各因子の水準の組合せごとの平均値をプロットしたものである。例題図のグラフは，相対的な効果の大きさとして，主効果Aは大，主効果Bは小，交互作用A×Bの効果は小の場合に相当する。問題図のグラフは，相対的な効果の大きさとして，選択肢1～5のどの場合に相当するか。一つ選べ。

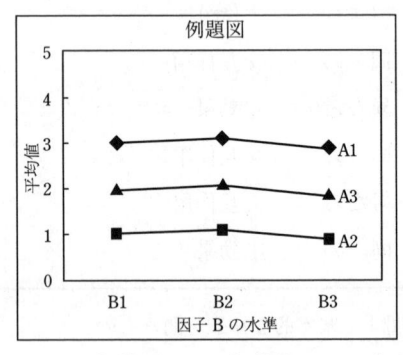

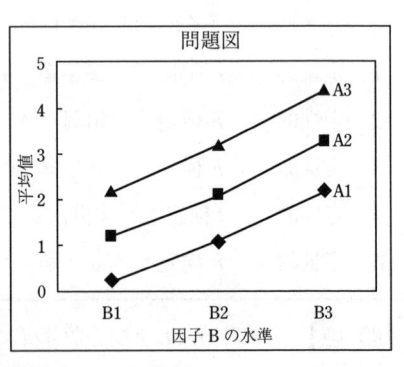

	主効果A	主効果B	交互作用A×Bの効果
1	大	大	小
2	小	小	大

3	大	小	小
4	小	大	大
5	小	大	小

【題 意】 実験計画法における要因効果図の見方を問うもの。

【解 説】 要因効果図から変動が有意であるかどうかを判断する問題である。設問の例題図と問題図の説明を示す。

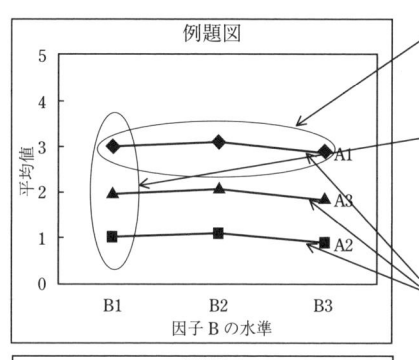

例題図

A1 の平均値はこの三つの平均になる
因子 A の平均値は水準が変わると平均値も変わってくる→主効果 A は大

B1 の平均値はこの三つの平均になる
因子 B の平均値は水準が変わっても平均値は変わらない→主効果 B は小

交互作用はこの折れ線グラフ三つの変動の傾向が異なっているのかを見る→小

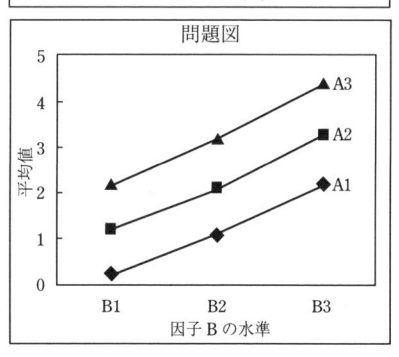

問題図

例題図をもとに問題図を見ると
・主効果 A は→大
・主効果 B は→大
・交互作用は→小

例題図の見方

・主効果 A は A1, A2, A3 の平均値に差があるかを見る
・主効果 B は B1, B2, B3 の平均値に差があるかを見る
・交互作用は折れ線のグラフの傾向が同じかどうかを見る

【正 解】 1

2. 計量管理概論

問 11

測定器の国家標準または国際標準へのトレーサビリティについて説明した次の記述の中から，誤っているものを一つ選べ。

1　社内の測定器を自社標準で校正していても，トレーサビリティが確保されないことがある。
2　測定結果の信頼性を確保するうえで，トレーサビリティを確保することが重要である。
3　トレーサビリティが確保された測定器を用いても，測定の誤差をなくすことはできない。
4　ある量を測る2台の測定器について，それぞれを校正してトレーサビリティを確保しておけば，同一の測定対象に対する2台の測定結果は，不確かさを考慮した範囲内で一致することが期待される。
5　社内にいくつかの測定器がある場合，その測定器の用途に関係なく全て校正して確実にトレーサビリティを確保する必要がある。

【題意】　トレーサビリティを確保する目的，要件，必要性などを問うもの。

【解説】　社内の測定器を自社標準で校正してトレーサビリティを確保するためには，まず自社標準がトレーサビリティのとれている校正（例えばISO/IEC 17025に基づく認定校正機関が行う校正）がなされていること，つぎに，その社内標準を用いて公式に通用する校正方法により社内の測定器を校正し不確かさの評価を行う必要がある。これらの要件が欠ける場合にはトレーサビリティの確保ができないことがある。

トレーサビリティが確保された測定結果は，再度測定をしたときの値が併記された不確かさの範囲内で再現することが期待できるため信頼性の確保に有効である。

測定には誤差が付きものであり，トレーサビリティが確保されていることとは関係ない。トレーサビリティがとれているということは，その測定結果に不確かさが併記されていることであり，その不確かさの幅の範囲内に真の値が存在すると推定されることを意味している。

トレーサビリティのとれている標準により校正されている測定器であれば，どん

な測定器であろうと同一の対象の測定量を測定した結果は，それぞれで示される不確かさの伝播則で合成される不確かさの範囲内で一致することが期待される。

社内で行う計測のすべてにトレーサビリティの確保が必要ということではない。例えば，社内のみで活用する製品開発段階で行う計測などについては，必ずしもトレーサビリティを確保する必要はない。よって，5は誤りである。

〔正解〕 5

〔問〕 12

測定のトレーサビリティに関する次の記述の中から，誤っているものを一つ選べ。

1　工場の現場や試験室などの測定値が，上位の標準につながり，最終的に国家標準又は国際標準につながる体系をトレーサビリティ体系という。

2　計量法のJCSS校正証明書は，校正結果が国家標準にトレーサブルであることを証明している。

3　企業の研究室内など限られた範囲内での測定値の比較においては，必ずしもトレーサビリティの確保は必要ではない。

4　計量法のJCSS校正証明書に合格・不合格を決める何らかの基準への適合性の表明がなくても，トレーサビリティの証明書としては有効である。

5　複数の分析計がいずれもトレーサビリティの確認された標準物質を用いて校正されていれば，それらの分析計による測定結果の不確かさは常に同じ大きさになる。

〔題意〕 トレーサビリティを確保するための手段や校正証明書に関する知識を問うもの。

〔解説〕 トレーサビリティ体系とは，現場で測定した値が上位の標準につながり，最終的に国家標準または国際標準につながる体系をいい，通常は測定器が校正されたつながりの経路を示した体系図として表すことが多い。

計量法で定めるJCSSは計量法校正事業者登録制度をいい，この制度により登録された校正事業者が発行するJCSS校正証明書は，校正結果が国家標準にトレーサ

ブルであることを証明している。また，一般に，校正証明書には合格・不合格の表明をしないことが多く，その計測器が表す値と標準によって実現される値との関係を表すことが目的である。

企業内のみで完結する計測や企業内の開発が目的で行う測定については，必ずしも測定のトレーサビリティを確保する必要性はない。

測定器の精度は個々の測定器の特性により異なる場合があり，校正に使用する標準が同じであっても，校正した測定器の校正結果の不確かさが異なる場合もある。**5** は誤りである。

[正 解] 5

問 13

測定対象量がゼロのときに必ずゼロを示す測定器の校正には，ゼロ点比例式校正を用いることができる。ゼロ点比例式を用いた定期的な校正に関する以下の文章の （ア） から （ウ） にあてはまる用語や式の組み合わせとして正しいものを，下の中から一つ選べ。

定期的な校正の作業には，点検とそれに伴う修正の二つがある。点検とは，現行の校正式を用いたときの誤差を求め，校正式を求め直すか否かを決める作業をいう。修正とは，感度係数 b を求め直し，校正式を修正する作業をいう。未知量の測定では，測定対象量に対する測定器の読み y' から，校正式 $\hat{M} = y'/b$ を用いて測定値 $\hat{M}$ を求める。

定期的な校正において，まず点検では，1 個の標準 M_0 に対する読み y から測定値 $\hat{M}_0$ を求める。点検の結果，（ア） の差の絶対値が，あらかじめ定めた修正限界よりも （イ） 場合には，修正を行う。修正では，k 個の標準 M_i（$i = 1 \sim k$）のそれぞれを n 回測定し，そのときの読み y_{ij}（$j = 1 \sim n$）を求める。y_{ij} を用いて新たな感度係数 b を （ウ） によって計算し，新たな校正式を決定する。

	（ア）	（イ）	（ウ）
1	点検時の測定値 $\hat{M}_0$ と標準の値 M_0	大きい	$b = \dfrac{\sum_{i=1}^{k}\sum_{j=1}^{n} M_i y_{ij}}{\sum_{i=1}^{k} M_i^2}$
2	点検時の読み y と標準の値 M_0	大きい	$b = \dfrac{\sum_{i=1}^{k} M_i}{n\sum_{i=1}^{k}\sum_{j=1}^{n} M_i y_{ij}}$
3	点検時の測定値 $\hat{M}_0$ と標準の値 M_0	大きい	$b = \dfrac{\sum_{i=1}^{k}\sum_{j=1}^{n} M_i y_{ij}}{n\sum_{i=1}^{n} M_i^2}$
4	点検時の読み y と標準の値 M_0	小さい	$b = \dfrac{\sum_{i=1}^{k}\sum_{j=1}^{n} M_i y_{ij}^2}{n\sum_{j=1}^{n} M_i^2}$
5	点検時の読み y と測定値 $\hat{M}_0$	小さい	$b = \dfrac{n\sum_{i=1}^{k}\sum_{j=1}^{n} M_i y_{ij}}{\sum_{i=1}^{k} M_i^2}$

【題意】校正方式の手順とゼロ点比例式の求め方を問う問題。

【解説】点検では標準を測定したときの測定値を求め，その測定値と標準の値との差が基準より大きい場合には修正を行うということである。ここで，測定値は標準 M_0 を測定したときの読み y から校正式 $M = y/b$ を用いて測定値 $\hat{M}$ を求め，M_0 との差と修正限界を比較することになる。よって，（ア）と（イ）の組合せとして正しい選択肢は 1 と 3 になる。つぎに感度係数 b の計算式をみると，設問の内容から k 個の標準を n 回測定していることから，式の分母には標準の値の 2 乗和に n 倍が必要になる。したがって，3 が正しい。

【正解】3

問 14

校正に関する次の記述の中から，誤っているものを一つ選べ．

1 測定器の示す値と標準によって実現される値との関係を確定する一連の作業を校正という．
2 校正された測定器を使用して得られる測定値には，測定器の校正作業や測定対象物を実際に測定したときのばらつきに起因する誤差の他に，校正に使用した標準の表示値の誤差が含まれる．
3 校正式を求めて測定器の校正を行うとき，ゼロ点比例式を用いる場合と1次式を用いる場合では，校正後の誤差の大きさは一般に異なる．
4 真の値の推定値を測定器が示す値の関数として表した式を校正式という．
5 校正によって，測定器の示す値に含まれる系統的な誤差と偶然的な誤差を修正することができる．

[題意] 校正の定義，校正の目的，校正によって除かれる誤差，および校正式について知識を問うもの．

[解説] 校正の定義は JIS Z 8103「計測用語」によると，「計器又は測定系の示す値，若しくは実量器又は標準物質の表す値と，標準によって実現される値との間の関係を確定する一連の作業」である．

計測誤差には3種類の誤差が含まれるといわれる．1種類目は，測定対象を実際に測定する際に生じるばらつきなどによる誤差，2種類目は，測定器を校正する際に生じる校正作業の誤差，3種類目は，測定器の校正に使用する標準の誤差である．

校正式を求める場合には実際に使用する範囲などを考えて標準を選ぶ必要がある．校正には大きく分けて定点校正と傾斜校正がある．定点校正とは，ある基準点におけるずれ（偏り）を補正する校正式をいい，傾斜校正とは測定器の入力量に対する出力値を決める感度係数の修正をする校正をいう．ゼロ点比例式校正，1次式校正はどちらも定点校正と傾斜校正の両方について行う校正式をいう．一般に，これらの校正式の違いにより校正後の誤差は異なってくる．

校正式の求め方は，値のわかっている標準を測定し，そのときの測定器の読み値

から関係式を得て，つぎに未知の対象物を測定したときの読み値からその測定量の真の値を推定する式を関係式から得ることができる．つまり，対象測定量の真の値 M を推定するための値 $\hat{M}$ を求める式となる．

校正を行う目的は計測誤差を小さくするためであるが，この場合，校正によって修正（補正）できる誤差は系統的な誤差，つまり偏りといわれる誤差であって，短時間にばらつく偶然誤差については修正（補正）することはできない．よって，**5** は誤りである．

[正解] 5

［問］15

測定のSN比に関する次の記述の中から，誤っているものを一つ選べ．

1 SN比は，測定器の性能の評価に用いることができる．
2 SN比を求める場合には，測定器をあらかじめ校正した上でデータをとる必要がある．
3 2種類の測定器の読みの単位が異なっている場合でも，同一の測定量を測る測定器であれば，SN比を用いて性能の良否の比較をすることができる．
4 SN比を分散分析する場合には，デシベル単位で表したSN比を用いる．
5 SN比は，信号因子の単位の2乗の逆数と同じ単位を持っている．

[題意] 測定のSNに関する基本的な知識を問うもの．

[解説] 測定のSN比は測定器の感度とばらつきの特性を評価するもので，測定器の優劣を評価する値として利用される．SN比を求めるには測定器の出力を意図的に変化させるための信号因子を入力し，そのときの感度の良さとばらつきの大きさから求めるもので，測定器をあらかじめ校正してあるかどうかは無関係に求めることができる．よって，**2** は誤りである．

また，SN比は信号因子の水準値の絶対値が不明であっても水準間の差や比がわかればSN比は求められるという特徴がある．また，出力値が単位の異なる測定器の優劣や測定方法の良否を比較する場合でも，測定のSN比で評価すれば出力値の

単位に関係なく，比較が容易にできることもSN比の特長である。求めたSN比はデシベル値に変換することで加法性が得られるため分散分析する場合に便利となる。

SN比 η は測定器の読み値の誤差分散を σ^2，感度 β の2乗を β^2 とすると

$$\eta = \frac{\beta^2}{\sigma^2}$$

で表される。また，SN比で評価した測定器の測定誤差をSN比誤差といい

$$\frac{1}{\sqrt{\eta}}$$

で表される。上式からSN比 η は測定器に入力した測定量としての信号因子の2乗の逆数の単位を持つことになる。

〔正解〕 2

問 16

測定のSN比を改善するための実験計画であるパラメータ設計に関する次の記述の中から，誤っているものを一つ選べ。

1 パラメータ設計では，制御因子を割り付けた実験単位とSN比を求める実験単位との直積の実験配置で実験を行う。

2 SN比の平均値が大きい水準を選択する目的で取り上げる実験因子を制御因子と呼んでいる。

3 SN比を求める実験計画では，一般に，測定値をばらつかせる原因となる条件として取り上げた誤差因子と，測定対象量の変化を代表する信号因子とを割り付ける。

4 SN比の改善の実験では，信号因子として複数の実物標準（実際の測定対象物と同じ成分で標準値をもつもの）を用い，その水準値は現場での測定範囲をカバーするように設定するとよい。

5 SN比が大きい制御因子の水準は，信号に対する直線性からのずれやばらつきが大きく，プールした総合的な誤差分散が大きい条件の水準である。

〔題意〕 パラメータ設計で用いられるSN比を特性値とした実験計画法に関す

る問題。

[解説] パラメータ設計の実験計画法とは，製品の設計定数や工程の製造条件を制御因子として選び，その値を実際に変えた組合せの実験を行い，そのデータからSN比を求め，SN比の大きい水準の組合せを最適条件として選び適用する方法である。

このような実験を行うときには，SN比を比較するための実験計画とSN比を求めるための実験計画の組合せ（直積）で実験を行う。SN比を比較する因子には制御因子を割り付け内側実験計画として直交表 L_{18} などが用いられる。SN比を求めるために因子として信号因子および誤差因子を外側実験計画として割り付ける。この際，信号因子の範囲は実際に測定する範囲をカバーするように割り付けることが重要である。

SN比が大きいということは，測定が優れていることを表し，信号因子に対して直線性からのずれやばらつきが小さいことで誤差分散が小さいことである。よって，**5**は誤りである。

[正解] 5

[問] 17

次の図は，一次遅れ要素として記述される制御系の単位ステップ応答について，応答の速さの指標である時定数が異なる三つの例を示したものである。図中の②の応答の時定数のおよその値を，下の中から一つ選べ。

ただし，図の縦軸は規格化された応答を表している。

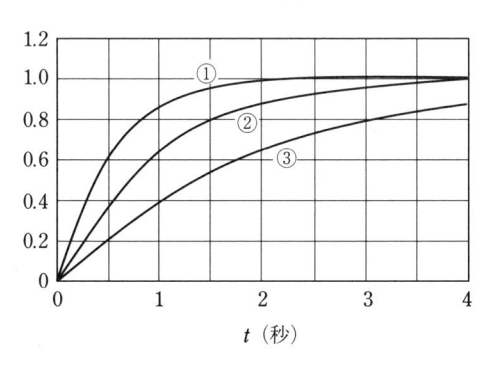

1　0.5 秒
2　0.7 秒
3　1.0 秒
4　1.5 秒
5　3.5 秒

[題意]　一次遅れの制御系の単位ステップ応答図から時定数を求める問題。

[解説]　一次遅れの制御系における単位ステップ応答の時定数を求める問題である。

下図で示すように原点での接線が定常値（$K=1$）に交わるまでの時間が時定数 T である。また，そのときの応答値が K の 63.2% に達したときでもある。

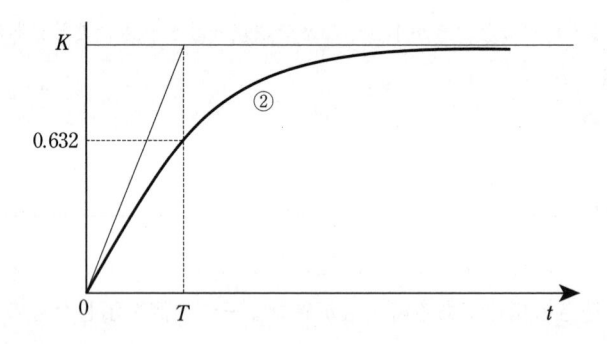

よって，縦軸の 0.632 の位置から横軸に平行に線を引き，応答曲線と交わったところから垂線を下方に引いた点の時間が時定数になる。② の応答曲線の場合，設問の図より T は 1 秒となる。

[正解]　3

問 18

センサーから出力される電圧信号を，最小目盛が 1 mV のアナログ表示式電圧計で表示していた。この電圧計の代わりに，A/D 変換器付きのパーソナルコンピュータへつないでデジタル表示をすることにした。このとき，次の記述の中から，誤っているものを一つ選べ。

ただし，デジタル表示の分解能とは，最小桁の数字が1単位だけ変わるときの指示変化である．

1 デジタル表示された値には，量子化誤差が含まれる．
2 信号処理の方法によっては，デジタル表示の分解能を 2 mV にすることが可能である．
3 デジタル表示の分解能は，A/D 変換器の性能に依存しないで決定することができる．
4 デジタル表示の方がアナログ表示よりも，人の違いによる読み取りの差が小さくなる．
5 信号処理の方法によっては，デジタル表示の方がアナログ表示よりも表示のばらつきが大きくなることがある．

[題 意] デジタル表示した場合の特性および A/D 変換に関する知識を問うもの．

[解 説] デジタル表示させることでデータ処理や読み取りが容易なる利点があるが，デジタル化することによる欠点もあるので注意が必要である．デジタル化とは出力値を階段状に区切ることになるので必ず量子化誤差が生じる．つまり，A/D 変換器の1ビットの相当する量が分解能となりその値より小さい量を表すことはできないということになる．よって，A/D 変換器の性能であるビット数によって分解能が依存し量子化誤差も分解能に依存する．

一般に，出力値が短時間にばらつきがある場合，デジタル表示されたデータの処理の方法によって求める測定値のばらつきが異なる．例えば，1回の指示値を読み取り測定データとする場合と，n 回読み取り平均値を測定データとする場合では測定値のばらつきが異なる．一方，アナログ表示の場合，ノイズなどによる出力のばらつき成分は測定系を通して緩和され，ばらつきは指示に表れない場合などがあり，このようなときにはデジタル表示のほうがばらつきが大きくなることがある．

[正 解] 3

問 19

4Vまでの正の電圧値を小数点以下3桁までの値（0.000 V 〜 4.000 V）として測定している。この測定データを2進数で表現するためには少なくとも何ビット必要か。次の中から一つ選べ。

1　8ビット
2　9ビット
3　10ビット
4　11ビット
5　12ビット

[題意] 10進数から2進数へ変換する問題。

[解説] 2進数を10進数に変換する問題である。設問により0.000〜4.000の表現に必要なビット数を求めればよい。小数点は関係ないので最大4 000以上となるビット数を計算する。

各選択肢のビット数を10進数で表すと

　8ビット：$2^8 = 2×2×2×2×2×2×2×2 = 256$

　9ビット：$2^9 = 512$

　10ビット：$2^{10} = 1\,024$

　11ビット：$2^{11} = 2\,048$

　12ビット：$2^{12} = 4\,096$

となり，4 000以上となるビットは12ビットである。

[正解] 5

問 20

機器や部品の信頼性を評価するための尺度にMTBF（Mean Operating Time Between Failures の略）がある。MTBFに関する次の記述の中から，誤っているものを一つ選べ。

1　MTBFは平均故障間動作時間であり，総動作時間をその期間中の故障回数で割ったものである。

2　MTBFの単位は時間である。
3　MTBFの値は，故障修理に要する時間が長くなっても短くなっても同じである。
4　MTBFは，修理しながら使用する機器や部品の信頼性に関する尺度である。
5　MTBFが大きいことは，機器や部品の寿命が長いことを意味する。

【題意】信頼性の尺度の一つであるMTBFに関する知識を問うもの。
【解説】MTBFとは，修理しながら使用するシステムや機械において，故障するまでの時間の平均値で総稼働時間を総故障件数で割ったものである。よって，単位は時間である。また，修理に要する時間には関係ない。
　寿命とは，一般にシステム，部品，機械などのアイテムの使用開始後から廃棄までに至る期間をいい，期間は時間，サイクル，運用距離などで表される。
【正解】5

----- 問 21 -----

品質管理における基礎的な手法に関する次の記述の中から，誤っているものを一つ選べ。

1　特定の結果と原因系との関係を系統的に表した図を特性要因図という。
2　生産される製品の品質の状態をグラフとして表し，工程が安定な状態にあるかを調べる目的で用いる図を管理図という。
3　必要な項目や図などを前もって印刷し，検査結果や作業の点検結果などを簡単に記録できるようにしたものをチェックシートという。
4　測定値の存在する範囲をいくつかの区間に分け，各区間に存在する測定値の出現頻度を表す図を散布図という。
5　欠陥の原因などを項目別に層別して，出現頻度の順に並べるとともに，累積和を示した図をパレート図という。

【題意】品質管理で用いられるQCの七つ道具について知識を問うもの。

2. 計量管理概論

[解説] 特性要因図とは結果（特性）と原因（要因）の因果関係を追求するときに用いられ，因果関係の全体像，特性に対する要因の整理，要因の抜けやもれがなく取り出すことなどの目的で使用される手法である。

管理図は工程の状態が安定しているかを監視するために用いられる。

チェックシートとは，調べる項目を間違いなく抜けがないように収集するときに用いられる手法で，落ちがないように記録し確認するときに使用される。

散布図とは，2組のデータ x, y の関係の相関をみるときに用いられるプロット図をいう。測定値の存在する範囲をいくつかの区間に分け，各区間に存在する測定値の出現頻度を表したものはヒストグラムである。よって，**4** は誤りである。

パレート図は，例えば不良項目の絞込みを行って重点にすべき項目を選び対策を行うことで，不良件数を効率的に減らすことを目的とするようなときに用いる。

[正解] 4

[問] 22

次の説明文は，あるサンプリング方法の手順と特徴について述べたものである。この説明文に該当するサンプリング方法の名称として，正しいものを下の中から一つ選べ。

　（説明文）一つのサンプリング単位が取られ，測定され，次のサンプリング単位が取られる前に母集団に戻されるサンプリングである。このサンプリング方法では，サンプルの中に同一のサンプリング単位が複数回含まれることが可能である。

1　単純ランダムサンプリング
2　復元サンプリング
3　層別サンプリング
4　系統サンプリング
5　集落サンプリング

[題意] サンプリングの種類とその内容および復元サンプリングの知識を問うもの。

[解説] サンプリングの種類とその内容を問う問題である。

設問で記述されている内容は復元サンプリングについての記述である。復元サンプリング以外の選択肢で示すサンプリング方法である単純ランダムサンプリング，層別サンプリング，系統サンプリング，集落サンプリングはいずれもサンプリングの手法の違いによる種類である。

単純ランダムサンプリングは，必要とするサンプルを母集団全体よりランダムに一度に抜き取る方法である。

単純ランダムサンプリングでは，母集団がいろいろ異質なものを含んでいる場合，分散が大きくなり平均値の推定の精度は悪くなり，精度を上げるためにはサンプル数を大きくしなければならなくなる。もし，この母集団を実際にいくつかの層に分けることができる場合には，これを層別して，各層内からサンプルを各ランダムに抜き取る方法が層別サンプリングである。

系統サンプリングは単純ランダムサンプリングが困難な場合などに用いられる方法で，対象母集団が移動中である場合や平面的に並べられている所を利用して，一定時間や一定間隔でサンプリングする方法である。

集落サンプリングは母集団をいくつかの層に分け，その層の中からランダムにいくつかの層をサンプリングし，とった層はすべて調査する方法である。この層を集落という。社会調査において，層を町や村区などとするので，集落という呼び名になっている。層に分ける方法は層別サンプリングと同じであるが，層別サンプリングでは，すべての層からサンプルをランダムに抜き取る方法に対して，集落サンプリングでは，いくつかの層をランダムに選び，その層については全部調べるという点が層別サンプリングの場合と逆になっている。

これらのサンプリング方法は非復元サンプリングといわれるもので一度取り出したものは元に戻さないとするものである。これに対し復元サンプリングは一度取り出したものを元に戻してからつぎのサンプリングをすることをいう。

〔正解〕 2

問 23

検査に関する次の記述の中から，正しいものを一つ選べ。

1 製品の不適合品率が大きい場合の出荷検査には，抜取検査が適している。

2 破壊項目の出荷検査には，抜取検査が適している。

3 出荷検査で不適合になった製品は出荷できないので，破棄しなければならない。

4 出荷検査によって不適合品の出荷をゼロにできるから，市場でのトラブルはなくなる。

5 製造工程での製品のばらつきが大きい場合，出荷検査での不適合の基準である上限規格値を大きくすれば不適合品率は小さくなるので，市場でのトラブルは減少する。

【題意】 抜取検査を採用する理由，出荷検査の目的および不適合の処理などについて問うもの。

【解説】 製品の不適合品率が大きいということは製造工程でのばらつきが大きいなどの原因によるものである。よって，全数検査を行って不良品を出荷しないようにする必要がある。

抜取検査を行う例として
・検査により品質が破壊される項目である場合
・検査に多くの時間，労力，費用がかかる項目の場合
・無検査項目の管理検査の場合
・工程情報を得るための検査の場合

などが考えられる。

出荷検査で不適合品となった場合は，必ずしも廃棄することだけの処理ではなく修理により適合品になる場合もある。

出荷検査をしたからといって出荷後のトラブルがなくなる訳ではない。検査自体にもミスが生じる場合もあるし，適合品と判定した製品でも出荷後に何らかの原因で不適合になる場合もあり得る。

製造工程でのばらつきが大きいからといって規格値を大きくすることは，製品の性能・機能などの低下につながることになり，出荷後のトラブルが増えることが予想される。よって，**2** 以外は正しくない。

【正解】 2

問 24

工程管理と計測管理の関係を示した次の記述の中から，誤っているものを一つ選べ。

1 製品の特性値のばらつきは，その製品を生産する工程内で使用される測定器のばらつきにも影響される。
2 工程内で使用される測定器の変動を管理する方法の一つとして，工程から取り出した製品を一つ決め，それを定期的に測定して測定器をチェックする方法がある。
3 工程を管理するとき，その工程で作られた製品を測定し，工程に変動がないかどうかを調べる方法がある。このときに使用する測定器は，その誤差の大きさと製品の許容差を考慮して決める必要がある。
4 製品の特性値のばらつきが，その許容差に比べて十分に小さい場合でも，工程が正常に稼働しているかどうかを調べるための測定は必要である。
5 工程で使用される測定器の校正周期は，工程の時間的な変動により決定される。

【題 意】 工程管理の考え方およびばらつきの要素，原因などに関連する問題。

【解 説】 製品の特性値のばらつきには，製品自身のばらつきと測定に使用する測定のばらつきも含まれることになる。

現場で使用する測定器の変動を管理する方法の一つとして実物標準を定期的に測定しチェックする方法がある。これは現場の環境条件が標準状態と大きく異なるような場合に，有効な方法であり実物標準としては実際の製品を用いる場合がある。

工程管理において使用する測定器の誤差は，基本的に製品の許容差に対して十分小さい測定器を使用する必要がある。

製品の特性値のばらつきが，その許容差に比べ十分に小さい場合でも，工程に異常があればただちに許容差を超えてしまうことも予想されるので，正常に稼働しているかの監視は必要と考えられる。また，その特性値がその製品の性能を左右する重要な項目などの場合は，やはり定期的な測定も必要とする場合がある。

工程で使用する測定器の校正周期は，工程の時間的な変動などと関係なく測定器

の経時変化と必要とされる測定精度などを考えて決定する必要がある。

【正解】 5

【問】 25

社内標準化に関する次の記述の中から，誤っているものを一つ選べ。

1　標準化とは，標準を設定し，これを活用する組織的行為である。
2　標準化の目的の一つは，業務の統一化を行うことで業務の質の安定化を図ることである。
3　工程の標準化の中で作成した文書類は，作業者の教育・訓練には使用できない。
4　測定器の器種を統一するなどの標準化によって，測定器の保守・管理が容易になる。
5　製品の品質に関する合格・不合格の判定方法の標準化は，安定した検査の実現につながる。

【題意】　標準化の定義，目的，効果，活用などについて問うもの。

【解説】　社内標準化の定義は，標準を設定し，これを活用する組織的行為である。標準化には社内標準化のほかに国際的，国家的，業界的など標準化があり，ISO規格，JIS規格などは標準化の例である。

標準化の目的は，情報の伝達の正確さかつ迅速化，技術と業務の蓄積・向上と伝承，管理基準の明確化，互換性の確保，品質の安定，単純化の促進，業務の能率化などが挙げられる。測定器の機種を統一するなどの標準化は，測定器の保守・管理を容易にすることができる。また，製品の品質に関する合格・不合格の判定方法を標準化することで検査を安定に行うことにつながる。

工程の標準化の中で作成した文書類には，作業者のための作業方法，作業条件，管理方法，使用設備などについて標準化された文書が含まれるものと考えられ，教育・訓練のテキストとして利用することができる。よって，3は誤りである。

【正解】 3

2.3 第61回（平成23年3月実施）

---- 問 1 ----

製品の開発から出荷までの生産システムにおける測定にはいろいろな側面がある。それぞれの段階での計測管理に関する次の記述の中から，誤っているものを一つ選べ。

1. 開発段階で製品研究のために行う製品の特性の測定では，必ずしもJIS等の規格に規定された既存の測定法を使う必要はない。
2. 製造準備段階では，製造工程で管理や検査のために行われる測定の不確かさを予測しておくことが必要である。
3. 製造準備段階では，製造工程で使われる測定器の保守・管理の方法を決めるだけでなく，測定担当者の教育・訓練も必要である。
4. 製造工程でのフィードバック制御のための製品の測定では，工程の管理幅より小さい不確かさが必要である。
5. 製造段階での検査は不適合品を次工程に送らないことを目的に行うので，各工程の最後に，トレーサビリティのとれた測定器で全数を検査する必要がある。

【題意】製品の開発段階から製造，出荷までの工程における計測，検査の目的および測定の不確かさについて理解を問うもの。

【解説】製品の開発から出荷までの生産システムにおける測定にはいろいろな側面がある。開発段階行う製品の特性の測定では，外部に表明することもなく公的に証明する必要もないので，必ずしも公の測定法を使う必要はない。また，測定のトレーサビリティの必要性も特にない。

開発後は製造準備段階に入るが，この段階では実際の製造工程で行う計測管理の方法・手段を決定し，その場合の測定結果の信頼性を確保する上で測定の不確かさを予測しておかなければならない。この場合，使用する測定器の保守・管理の方法および測定者の技能・技術が測定の不確かさに影響することが考えられることから測定担当者の教育・訓練も必要になる場合がある。

134　2. 計量管理概論

　製造工程における計測管理としてフィードバックコントロールによる方法があるが，この場合の工程の管理幅つまり管理基準を設定し，その幅に製品の特性値を管理するものであるから，その際の測定値の不確かさは少なくとも管理幅より十分小さいことが望まれる。

　製造段階での検査は通常，不適合品を次工程に送らないことを目的に行うので，検査に使用する測定器の不確かさは合否の判定となる公差に対して十分小さいことが必要であり，トレーサビリティがとれていることが要件である。また，検査には全数検査と抜取検査があるが，どちらで管理するかは対象とする製品特性値の許容差の大きさと実際に製造される製品特性値のばらつきによる不良率の程度により選ぶことが経済的である。よって，必ずしも全数検査する必要はない。

〔正 解〕　5

〔問〕2

　製造工程における計測管理について述べた次の記述の中から，誤っているものを一つ選べ。

　1　製造工程の中で使用する測定器の校正周期や，測定器の校正で使用する標準の不確かさは，測定の不確かさに影響する。

　2　製造工程の中での測定では，製品の仕様で定められたすべての特性をすべての製品について測る必要はない。

　3　製造工程の中で使用する測定器のドリフトや不確かさは，その工程で生産される製品の特性値のばらつきに影響する。

　4　製造工程において，ほとんどの製品が規格内にある場合でも，工程を管理するための何らかの測定は必要である。

　5　製造工程の中で使用する測定器の校正周期は，工程のばらつきのみで決まる。

〔題 意〕　製造工程における計測管理の考え方について問うもので，測定の不確かさの知識も問われる。

〔解 説〕　測定の不確かさとは，測定結果の信頼性を定量的に表す指標となるも

ので，測定器の性能，測定条件・環境，経時変化などに依存される。

一般に，測定器は使用するとともに指示値（出力）などが変わってくるが，これはドリフトとか経時変化と呼ばれ，校正はこの時間とともにあるいは使用とともに変わるかたよりを知り，補正を可能にするために行われる。よって，校正周期を変えるとその経時変化によるかたよりも変わるため不確かさに影響する。

また，校正は値が既知の標準器によって行われるため，その標準器の精度の良さ，つまり，標準の不確かさの大きさが校正した結果に影響するため，校正した測定器の不確かさに影響する。測定器のドリフトや不確かさの大きさは，その測定器によって測った製品の特性値に影響を与える。

製造工程において行う測定は，通常，製品の仕様で定めた特性のうち特に製品品質に影響するなどの重要な特性項目を選んで行い管理することが多く，すべての特性を測定する必要はない。また，すべての製品について測ることも必要なく，重要なことは製造された製品の特性値が目標とする値になるように管理することが計測管理の目的である。

製造工程において行う計測管理では，製品の特性値が目標値となるようにするために測定を行うが，その特性値が規格に十分入っている場合でもその特性値が製品の重大な項目である場合，あるいは，製造工程が安定しているかどうかを監視する目的で測定を実施することは必要である。

測定器の校正周期の決め方は，その測定器により測定した値に対する要求精度（不確かさ）と，測定器のドリフトや経時変化の程度を考えて行うことになる。

〔正解〕 5

------- 問 3 -------

放射線に関わる単位の中で，固有の名称をもつ組立単位として国際単位系（SI）に含まれている単位を，次の中から一つ選べ。

1　Ci（キュリー）
2　R（レントゲン）
3　rad（ラド）
4　Sv（シーベルト）

5 rem（レム）

[題意] 放射線に関わる SI 単位のうち固有の名称で表す組立単位について知識について問うもの。

[解説] 設問にある放射線に関わる単位のうち SI 組立単位は放射線の線量当量 Sv（シーベルト）のみで，その他の単位は SI に属さない。
Ci（キュリー）は核物理学において放射性核種の放射能を表す単位で SI 単位はベクレル（Bq）である。R（レントゲン）は X 線または γ 線の照射線量を表すのに使われる固有の名称の単位。Rad（ラド）は電離性放射線吸収線量を表す固有の名称の単位で SI 単位は Gy（グレイ）である。rem（レム）は放射線防護の観点から線量当量を表す固有の名称の単位で，SI 単位は Sv（シーベルト）である。

[正解] 4

[問] 4

測定誤差に関する次の記述の中から，正しいものを一つ選べ。

1 誤差には，系統誤差と偶然誤差があり，その絶対値の和が相対誤差である。

2 測定器に負のかたよりがある場合，実際の測定値は真の値よりも必ず小さな値になる。

3 測定者が気付かずに犯した過誤，又はその結果求められた測定値はまちがいと呼ばれ，測定作業に慣れた熟練測定者には発生しない。

4 同じ製品を製造する二つのラインで用いるそれぞれの測定器を同一の標準で校正すれば，製品全体のばらつきは，校正しない場合と比べて小さくすることができる。

5 同じ測定器を使うとき，精密測定室で測定の不確かさを評価しておけば，環境条件が大きく変動している工程中でも常に同程度の不確かさで測定できる。

[題意] 測定誤差の性質，用語の知識および測定の不確かさについて問うもの。

【解説】 系統誤差とは測定結果にかたよりを与える原因によって生じる誤差であり，偶然誤差とは突き止められない原因によって起こり，測定値のばらつきとなって現れる誤差をいう。相対誤差とは誤差の真の値に対する比を相対値で表した誤差をいう。

測定器に負のかたよりがある場合でも，測定器にはばらつきもあるため実際の測定値は真の値より必ずしも小さくなるとは限らない。

測定者が気付かずに犯した過誤，またはその結果求められた測定値はまちがいと呼ばれるもので測定の誤差とは区別される。このまちがいは初心者に多く見られるが熟練測定者であっても発生することはあり得る。

製造工程において製品の特性値を測定しながら工程管理を行う場合，異なる複数のラインで複数の測定器を使用している場合には，測定器の違いによるばらつきが異なるラインでの製品のばらつきに影響することが予想されるが，測定器の校正を行うことで測定器の違いによるばらつきは小さくすることができる。

一般に，測定器は使用する環境条件が変化すると測定値も変化することが考えられ，その結果，測定器の校正したときと使用時の環境条件が異なると測定した値の不確かさも大きくなると考えられる。

【正解】 4

---- **【問】5** ----

工程の現状を知るために，その工程で1時間に製造された60個全ての製品について，ある特性を測定したところ，測定データの標準偏差は σ_T であった。この測定法で1個の製品の特性を複数回測定して求めた，測定のばらつきを表す標準偏差は σ_M であった。このとき，製造された製品の特性のばらつきを表す標準偏差 σ_P はどのように推定できるか。

次の中から，正しいものを一つ選べ。

1. $\sigma_P = \sigma_T$
2. $\sigma_P = \sigma_T + \sigma_M$
3. $\sigma_P = \sigma_T - \sigma_M$
4. $\sigma_P = \sqrt{\sigma_T^2 + \sigma_M^2}$

5 $\sigma_P = \sqrt{\sigma_T^2 - \sigma_M^2}$

[題意] 製品のばらつきと測定のばらつきの関係について理解を問うもの。

[解説] σ_T は製品 60 個を測定したときの標準偏差であるから製品のばらつきを表している。

一方，σ_M は 1 個の製品の特性を複数回測定して求めた標準偏差であるから測定のばらつきを表している。製造される製品のばらつきは，製品の実際の特性のばらつきと測定のばらつきの両方が含まれているから，製品の特性のばらつき σ_P を求めるには，製品のばらつき σ_T から測定のばらつき σ_M を差し引けばよい。

つまり，分散の加法性をから

$$\sigma_P^2 = \sigma_T^2 - \sigma_M^2$$

と表される。よって，σ_P は

$$\sigma_P = \sqrt{\sigma_T^2 - \sigma_M^2}$$

となる。

[正解] 5

[問] 6

ばらつきのある測定データの分布が，平均値 μ，標準偏差 σ の正規分布で表されるとき，$\mu \pm 2\sigma$ の範囲に測定データが存在する確率に最も近い値を次の中から一つ選べ。

1 68.3%
2 86.6%
3 95.4%
4 98.8%
5 99.7%

[題意] 正規分布における確率について知識を問うもの。

[解説] 正規分布は図に示すように，平均 μ を中心として左右対称になった釣鐘に似た形状の曲線（ベルカーブ）を描く。平均 μ，分散 σ^2 の正規分布は $N(\mu, \sigma^2)$ の

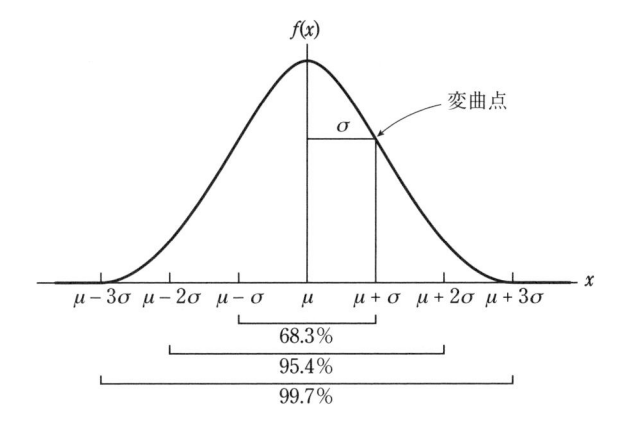

ように表す。

その関数 $f(x)$ の変曲点までの距離がちょうど標準偏差 σ となっている。正規分布の確率密度関数 $f(x)$ は

$$f(x) = \frac{1}{\sqrt{2\pi}\,\sigma} e^{-\frac{(x-\mu)^2}{2\sigma^2}}$$

となる。また，平均 $\mu = 0$，分散 $\sigma^2 = 1$ の正規分布を特に標準正規分布 $N(0, 1^2)$ という。

関数 $f(x)$ を確率変数 x の全領域で積分した値は確率100％すなわち1となる。これは，確率密度関数について，負の無限大から正の無限大までの範囲を積分計算した物（面積）であり，その範囲に測定データが存在する確率が100％ということである。これは累積分布関数で表され

$$\int_{-\infty}^{\infty} f(x)\,dx = 1$$

となる。

累積分布関数の積分は解析的に計算できないので，通常，計算された数表（正規分布表）を利用して求める。

設問は $\mu \pm 2\sigma$ の範囲に測定データが存在する確率を問うている。つまり，確率変数 x の範囲が $\mu - 2\sigma \sim \mu + 2\sigma$ のときの確率である。これは，一般に 2σ の確率として知られており約95.4％であることを覚えておく必要がある。併せて 1σ および 3σ の確率も図に示す。

[正 解] **3**

問 7

ある特性について，それぞれ3水準の因子A，因子Bを取り上げ，繰り返しのある二元配置の実験（繰り返し数2）を行ったところ，下図の結果が得られた。この図は各因子の水準ごとの平均値をプロットしたものである。この実験に関する次の記述の中から誤っているものを一つ選べ。

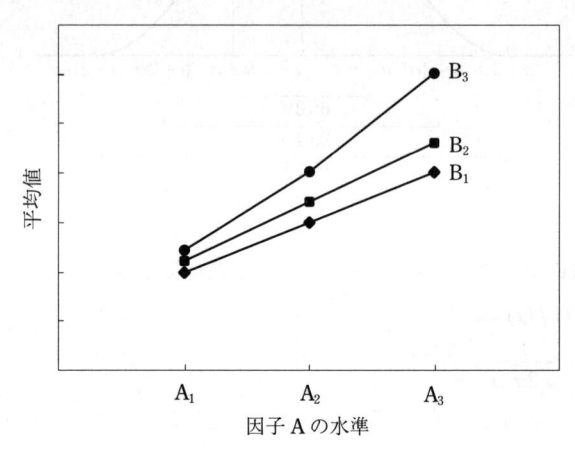

縦軸：平均値
横軸：因子Aの水準（A_1, A_2, A_3）
系列：B_3, B_2, B_1

1 この実験で得られた総データ数は18個である。

2 グラフにプロットされた点はそれぞれ2個のデータの平均値である。

3 このグラフは，分散分析の結果がわからないと作成することができない。

4 この実験で，因子Aの主効果及び因子Bの主効果が，それぞれ有意であるかどうかを判断することができる。

5 この実験で，交互作用A×Bの効果が有意であるかどうかを判断することができる。

［題意］ 二元配置の実験に関する分散分析および要因効果図の解釈について問うもの。

［解説］ 二元配置の実験で，2水準の因子A，因子Bで繰り返し数2における実験の総データ数は，$3 \times 3 \times 2 = 18$ となる。

設問にあるプロット図は要因効果図と呼ばれ，各因子の水準ごとの平均値をプロットした図である。一つのプロットは繰り返したデータの平均値であり，この要

因効果図から分散分析の計算をしなくてもおおよその実験結果を把握することができる。よって，**3** は誤りである。

設問の二元配置の実験でわかることは因子 A，B それぞれの主効果および交互作用 A×B の効果が有意であるかどうかを分散分析によって判断できる。

[正解] 3

[問] 8

袋詰め商品の連続生産工程で，ある日に生産した全商品からランダムに抽出した n 個の商品それぞれの質量 x_i $(i=1,2,\cdots,n)$ を測定し，それらの平均値 $\bar{x}$ を求めた。また，長期にわたる過去の工程記録から，商品の質量のばらつきの標準偏差 σ の値は既知とみなしてよいことがわかっている。このとき，その日に生産した全商品の質量の母平均 μ を区間推定する手続きに関する次の記述の中から，正しいものを一つ選べ。

ただし，商品の質量のばらつきは正規分布で表され，また 1 日の生産個数は n より十分多いものとする。

1. $\dfrac{\bar{x}-\mu}{\sigma}$ が標準正規分布に従うことを利用する。
2. $\dfrac{\bar{x}-\mu}{\sigma/(n-1)}$ が t 分布に従うことを利用する。
3. $\dfrac{\bar{x}-\mu}{\sigma/\sqrt{n-1}}$ が t 分布に従うことを利用する。
4. $\dfrac{\bar{x}-\mu}{\sigma/\sqrt{n}}$ が標準正規分布に従うことを利用する。
5. $\dfrac{\bar{x}-\mu}{\sigma/n}$ が t 分布に従うことを利用する。

[題意] 統計量の区間推定のうち標準偏差が既知の場合の利用する分布・統計量について知識を問うもの。

[解説] 設問は母集団の母平均 μ の区間推定を求める問題で，情報としては母集団の標準偏差が既知であり，n 個の平均値がわかっている場合である。よって正

規分布を利用することになる。

すなわち，正規分布 $N(\mu, \sigma^2)$ の母集団から n 個のサンプルをとり，その平均値を $\bar{x}$ とするとき，つぎの統計量

$$\frac{\bar{x} - \mu}{\sigma/\sqrt{n}}$$

は標準正規分布 $N(0, 1^2)$ に従うことを利用する。

もし，標準偏差が未知の場合には t 分布を利用することになり，統計量は

$$\frac{\bar{x} - \mu}{\sqrt{V/n}}$$

となる。

〔正解〕 4

────── 問 9 ──────

相関分析と回帰分析に関する次の記述の中から，誤っているものを一つ選べ。

1 相関分析は原因に対して結果がどのように変化するかを表す関係式を知りたいときに用いられ，回帰分析は二つの変数の直線関係を把握したいときに用いられる。

2 相関係数 r は $-1 \leqq r \leqq 1$ を満たす値で，-1 に近いほど負の相関が強いことを示している。

3 関係式 $y = ax$（a は正の定数）に従う二つの変数 x と y の相関係数は 1 になる。

4 相関係数が 0 に近いほど，相関の程度が弱いことを示している。

5 二つの変数 x と y について，$x = 0$，$y = 0$ の原点を通ることがわかっている場合の直線回帰分析では，回帰式として $y = bx$（b は定数）が想定できる。

〔題意〕 相関分析と回帰分析の違いおよび相関係数と回帰式の係数について問うもの。

〔解説〕 相関分析は x も y もともに確率変数であり，しかもこれらの変数の分

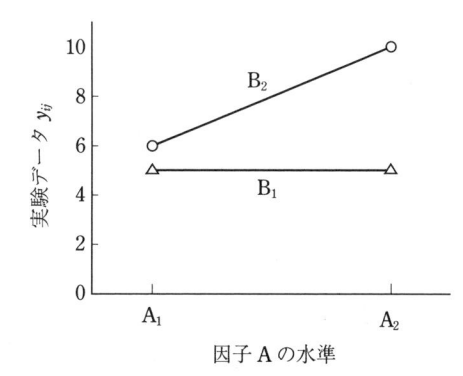

布が2次元正規分布に従うという仮定に基づいている。相関係数 r は，x と y の間に直線関係がどの程度あるかを統計的に判定するために利用するもので，どのようなデータであっても相関係数 r は

$$-1 \leqq r \leqq 1$$

の範囲にある。r が 1 に近づくほど正の相関が強く，-1 に近づくほど負の相関が強く，0 に近いほど相関は弱いことを示す。

一方，回帰分析は 2 変数の関係を関係式によって一方の変数から他方を推定したいときに用いられる。よって，**1** は誤り。

直線回帰式 $y = bx$（b は定数）が想定できるということは，$x = 0$ のとき y も 0 になるので，$x = 0$ のとき $y = 0$ の原点を通ることになる。

[正解] 1

問 10

二つの因子 A，B を取り上げ，繰り返しのある二元配置の実験を行った。ただし，二つの因子はいずれも 2 水準の母数因子である。得られたデータの繰り返しについての平均 y_{ij} を図示したところ，下図を得た。データ全体の平均を m，A の主効果を a_i ($i = 1, 2$)，B の主効果を b_j ($j = 1, 2$)，A と B の交互作用を c_{ij} と表すと，y_{ij} の構造模型は次の式で表すことができる。

$$y_{ij} = m + a_i + b_j + c_{ij}$$

ただし，繰り返し誤差の効果は交互作用に比べて小さかったため，この式には含めていない。このとき，a_i，b_j の正負について次の組合せの中から，正しいものを一つ選べ。

1 $a_1 < 0$, $a_2 > 0$
2 $a_1 > 0$, $a_2 < 0$
3 $a_1 = 0$, $a_2 = 0$
4 $b_1 > 0$, $b_2 < 0$
5 $b_1 = 0$, $b_2 > 0$

[題意] 二元配置実験の要因効果図の見方について理解を問うもの。

[解説] 要因効果図は，各因子の水準ごとに平均値をプロットした図である。よって，全データの平均 m は，点 (A_1, B_1) と点 (A_1, B_2) の平均と点 (A_2, B_1) と点 (A_2, B_2) の平均の平均となる。両者の点を結ぶ直線は右上がりの傾斜となり，中心の位置が m になる。図で示すと以下の位置になる。

したがって，因子 A の水準 1 の効果 a_1 は点 (A_1, B_1) と点 (A_1, B_2) の平均になり，全体の平均 m より小さいから負となる。また，a_2 は m より大きいから正となる。よって，1 が正しい。

[正解] 1

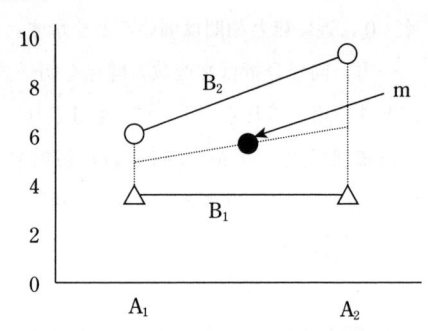

[問] 11

測定のトレーサビリティについて述べた次の記述の中から，誤っているものを一つ選べ。

1　現場の測定値を国家計量標準にトレーサブルにするためには，社内の標準器のトレーサビリティを確保するとともに，それを用いて現場の測定器を適切に校正することが必要である。

2　トレーサビリティのとれた校正値には，国の計量標準機関が出した校正値だけでなく，その校正値をもとに，民間校正機関が下位の測定器につけた校正値も含まれる。

3　測定結果に不確かさがついていれば，その測定結果のトレーサビリティは確保されているといえる。

4　ある製品の製造工程，検査工程で使用している測定器が，すべて国家計量標準にトレーサブルな校正を受けていても，必ずしも性能のよい製品ができるとは限らない。

5　校正証明書に合格・不合格の判定が記載されていなくても，必要な条件が満たされていれば，この校正結果はトレーサビリティが確保されている

といえる。

[題意] トレーサビリティの理解を問うもので校正証明書の要件の知識も必要である。

[解説] 現場で使用する計測器で測定した値を国家計量標準にトレーサブルにするためには，その使用する計測器は校正しなければならないが，校正する方法としては直接に現場の計測器を外部の校正機関で校正するか，または，社内のトレーサビリティが確保されている標準器を用いて適切に校正する方法がある。

トレーサビリティのとれた校正値とは，計量標準にトレーサブルな標準器によって校正された値であり，校正する機関は国家標準機関のほかに民間の校正機関も当然あり得る。

測定の不確かさとは，ある標準を基準とした場合の測定値のばらつきのパラメータであるので，基準とする標準の値が国家標準または国際標準にトレーサブルでなければ，その測定結果はトレーサビリティが確保されているとはいえない。

性能の良い製品を製造するということと製造工程，検査工程で使用する測定器のトレーサブルとは直接関連しない。

校正証明書には，通常，校正結果および校正時の条件などが記載されるもので，合格・不合格の判定は特に要請がない場合には記載する必要はない。校正証明書には校正したときの校正条件，校正方法，校正の不確かさなどの記載があればトレーサビリティ確保の要件となる。

[正解] 3

[問] 12

測定のトレーサビリティに関する次の記述の中から，誤っているものを一つ選べ。

1 トレーサビリティとは，不確かさがすべて表記された切れ目のない比較の連鎖によって，決められた基準に結び付けられ得る測定結果又は標準の値の性質のことである。

2 標準器とは，ある単位で表された量の大きさを具体的に表すもので，測

定の基準として用いるものである。

3 国家計量標準の値を下位の標準に次々に移し替えて行くことを標準供給といい、標準供給の制度を利用することによってトレーサビリティを確保することができる。

4 トレーサビリティが確保されていても、不確かさの小さい測定が行えるとは限らない。

5 同一社内の工場間における測定値の整合性を得るため、独自に設定した社内標準を用いてそれぞれの工場の測定器が校正してあれば、企業間での測定値の整合性も確保できる。

【題意】 トレーサビリティの確保の意味および測定の不確かさの関連について問うもの。

【解説】 「計測のトレーサビリティ」とは、「不確かさが全て表記された、切れ目のない比較の連鎖を通じて、通常は国家標準又は国際標準である決められた標準に関連づけられ得る測定結果又は標準の性質」と VIM（国際計量基本用語集）に定義されている。

　標準器とは、ある単位で表された量の大きさを具体的に表すもので、測定の基準として用いるものである。標準供給とは、国家計量標準の値を必要とするユーザへ供給することをいい、これはトレーサビリティでいう国家計量標準まで辿ることと反対の流れであるが、結果的には標準供給の制度を利用することによってトレーサビリティを確保することができるといえる。

　トレーサビリティが確保されていることと不確かさの大小は無関係である。重要なことはトレーサビリティの確保には不確かさの大小ではなく、確保に相当する不確かさを明示することが不可欠であるということである。

　独自に設定した社内標準を用いた場合には、それを利用して校正した測定器群による測定には整合性はあるが、それ以外の測定器による測定値との整合性は確保できるとはいえない。よって、**5** は誤り。

【正解】 **5**

問 13

測定器の校正について述べた次の記述の中から，誤っているものを一つ選べ。

1. 校正とは，標準を測定したときの測定器の読みと標準の値の関係を明らかにすることである。
2. 校正することで測定器の読みのかたよりを修正することができる。
3. 校正を行っても測定器の偶然的なばらつきを除くことはできない。
4. 校正周期を短くすれば，測定器のドリフトの測定結果に対する影響を小さくすることができるが，校正コストを考慮すると，必ずしも短くした方がよいとは限らない。
5. 校正に用いた標準の不確かさは，校正後の測定結果の不確かさの成分に含めなくてよい。

[題意] 校正する目的とその効果および校正における不確かさについて問うもの。

[解説] 校正とは計測器の表す値と標準によって実現される値との間の関係を確定することである（JIS Z 8103 計測用語）。

校正する目的は計測誤差を小さくすることであるが，校正によって除くことができる誤差は測定器のかたよりであって偶然的なばらつきによる誤差は除けない。校正を行う間隔，つまり校正周期の決め方は測定器のドリフト，経時変化の大きさと，その測定器に要求する測定誤差の程度および校正コストとの兼ね合いを考える必要があり，必ずしも短くすることがよいとは限らない。

校正を行った結果の不確かさには必ず校正に用いた標準の不確かさが含まれる。よって，**5** は誤り。

[正解] 5

問 14

JIS Z 9090「測定 – 校正方式通則」に規定された測定器の校正方法に関する次の記述の中から，誤っているものを一つ選べ。

1 測定対象量の値がゼロのとき，測定器の読みもゼロとなることが仮定できる測定器の場合，零点比例式校正が用いられることが多い。

2 測定対象量の値がゼロのときに，測定器の読みがゼロとなる保証がない測定器の場合，一次式校正が用いられることが多い。

3 ある特定の値 M_0 の前後しか使用されない測定器の場合，M_0 を基準とした基準点校正あるいは基準点比例式校正が用いられることが多い。

4 異なった値の複数の標準を用いて校正できるのは，目盛上の標準値に対する点だけであり，測定器の感度に対する校正はできない。

5 測定対象量の値と測定器の読みの間に一次式の関係を仮定すると，誤差が大きくなってしまう場合には，高次式校正が用いられることがある。

【題意】 JIS Z 9090「測定 – 校正方式通則」による校正のうち校正式に関する知識を問うもの。

【解説】 零点比例式校正は，測定対象の量 M が 0 のとき測定器の読み y も 0 となることが原理的にわかっている場合に用いられる傾斜の校正である。

一方，$M = 0$ のとき $y = 0$ となるとは限らない場合，または $y = 0$ となることにこだわらない場合には一次式校正が用いられる。

基準点校正または基準点比例式校正は，ある特定の基準点 M_0 の付近のみの測定を行う測定器を校正する場合に適用される校正で，基準点 M_0 の読み y_0 で定点校正を行う場合が基準点校正，その定点校正を行った後，傾斜校正する校正が基準点比例式校正である。

JIS Z 9090 では校正式の基本は，測定対象の量の大きさと測定器の読みとは直線関係（傾斜）を想定しているので，直線全体が傾斜を変えずに平行移動するような「定点校正」と，直線の傾きを変える「傾斜の校正」，つまり感度の校正の二つである。異なった値の複数の標準を用いる場合でもこの定点校正または傾斜（感度）の校正の両方を行うことはできる。本 JIS では規定していないが測定対象量の値と測定器の読みの間の関係が直線ではなく，曲線関係がわかっている場合には高次式校正を用いる方が校正後の誤差は小さくなる。

【正解】 4

[問] 15

測定対象量の値Mと測定器の読みyの間に$y = \alpha + \beta M + e$を仮定するとき，測定のSN比ηは，$\eta = \dfrac{\beta^2}{\sigma^2}$で与えられる。ここで，$\alpha$は$y$切片，$\beta$は感度係数，$\sigma$は誤差$e$の標準偏差である。このような測定のSN比に関する次の記述の中から正しいものを一つ選べ。

1　αは，Mの真の値がわからなくとも推定することができる。
2　βを推定するには，Mの真の値が必要である。
3　σ^2は，Mの真の値がわからなければ推定することができない。
4　Mの推定値$\hat{M}$の誤差分散は，σ^2で与えられる。
5　ηの逆数は，測定器を校正した後の測定値の誤差分散を表している。

[題意] 測定のSN比の理解と特徴について問うもの。

[解説] SN比を求める場合，あるいは感度係数βを求める場合にはMの真の値がわからなくても，Mの大きさの比または差がわかれば計算できるが，校正式を推定する場合にはMの真の値がわかっていなければならない。つまり，校正とは真の値と読みとの関係を確定し，校正後の誤差を推定することが目的であるので，誤差＝測定値－真の値の定義から真の値Mがわからないと誤差はわからない。

また，測定器の読みのばらつきσ^2はMの値がわからなくても安定している測定量であれば，ばらつきは求めることはできる。ここで，σ^2は測定器の読みのばらつきであってMの推定値の誤差分散ではない。校正を行った後の校正式によるMの推定値$\hat{M}$の誤差分散は校正後の誤差分散と呼ばれ，これはSN比ηの逆数となる。

[正解] 5

[問] 16

測定のSN比及びその算出方法に関する次の記述の中から，誤っているものを一つ選べ。

1　測定のSN比は，測定対象量に対する感度係数と読みのばらつきの大きさによって決まる。

2 感度係数 β が異なる二つの測定器では，β が大きい測定器を用いた場合，β が小さい測定器に比べると読みの誤差分散 σ^2 が等しいときには測定の SN 比は必ず大きくなるが，σ^2 が異なるときにはどちらの測定の SN 比が大きくなるか不明である。

3 測定の SN 比は，デシベル変換した値で表記した場合に必ず正の値となり，その値が大きい方が良い。

4 測定対象量の正確な値がわからなくても，その水準間の相対関係がわかっていれば測定の SN 比を求めることができる場合がある。

5 二つの測定器の読みの単位が異なっていても，測定対象量が同じであれば，測定器の良否の比較に測定の SN 比を用いることができる。

〔題 意〕 測定の SN 比を求める方法および意味について理解を問うもの。

〔解 説〕 SN 比とは測定対象の量の大きさによる指示値の変化パワーと指示値のばらつきのパワーの比で表される。つまり，感度係数 β と読みのばらつき σ の大きさによって決まるといえる。よって，感度係数 β が異なる二つの測定器では，β が大きい測定器を用いた場合，β が小さい測定器に比べると読みの誤差分散 σ^2 が等しいときには測定の SN 比は大きくなるが，σ^2 が異なる場合にはどちらが SN 比が大きくなるかは計算しないとわからない。

SN 比はデシベル変換した値で用いることがあるが，SN 比は 2 乗した値の比であるため必ず正の値となるが，デシベル変換した場合には SN 比の値が 1 より小さくなるとマイナスとなるから **3** は誤り。

SN 比を求める場合，測定対象の値がわかっていなくても，その水準間の比や差がわかっていれば求めることができる。

SN 比の特徴の一つには，二つの測定器の読みの単位が異なっていても測定対象量が同じであれば，測定器の良否の判定が行えることがある。

〔正 解〕 **3**

〔問〕 **17**

自動制御系のブロック線図の等価変換に関する次の記述の中から，正しいも

のを一つ選べ。ただし，sはラプラス変換に関わるラプラス変数を表す。

1 制御要素 $G_1(s)$ と $G_2(s)$ のブロックが直列結合した制御系をまとめて1つのブロックに等価変換すると $G_1(s) + G_2(s)$ になる。

2 制御要素 $G_1(s)$ と $G_2(s)$ のブロックが並列結合した制御系をまとめて1つのブロックに等価変換すると $G_1(s)\,G_2(s)$ になる。

3 前向き制御要素 $G_1(s)$ とフィードバック制御要素 $G_2(s)$ がネガティブフィードバック結合した制御系をまとめて1つのブロックに等価変換すると $G_1(s)/(1 + G_1(s)\,G_2(s))$ になる。

4 制御要素 $G_1(s)$ と $G_2(s)$ のブロックが並列結合した制御系をまとめて1つのブロックに等価変換すると $G_1(s) - G_2(s)$ になる。

5 前向き制御要素 $G(s)$ についてネガティブ直結フィードバック結合された制御系をまとめて1つのブロックに等価変換すると $G(s)/(1 - G(s))$ になる。

- -

【題 意】 ブロック線図の結合したときの知識を問うもの。

【解 説】 ブロック線図に関する問題である。複数の制御要素を直列結合および並列結合した場合，制御系を一つのブロックに等価変換すると以下のようになる。

① 直列結合

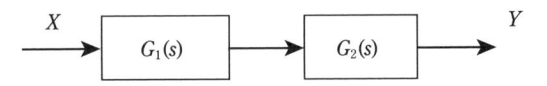

$$X \longrightarrow \boxed{G_1(s)} \longrightarrow \boxed{G_2(s)} \longrightarrow Y$$

上記を一つのブロックにすると

$$W(s) = \frac{Y}{X} = G_1(s) \cdot G_2(s)$$

となる。

② 並列接続

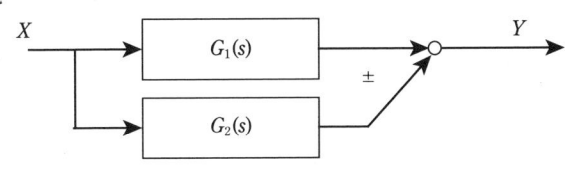

上記を一つのブロックにすると

$$W(s) = \frac{Y}{X} = G_1(s) \pm G_2(s)$$

となる。

③ フィードバック接続

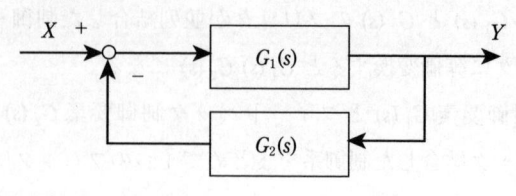

上記を一つのブロックにすると

$$W(s) = \frac{Y}{X} = \frac{G_1(s)}{1 + G_1(s)G_2(s)}$$

となる。

また，$G_2(s) = 1$ の場合は直結フィードバック系といい，以下のようになる。

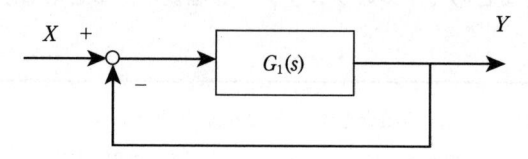

$$W(s) = \frac{Y}{X} = \frac{G_1(s)}{1 + G_1(s)}$$

フィードバック制御の場合，ネガティブフィードバック結合のときは符号が反対になるので注意が必要である。

[正解] 3

[問] 18

測定結果を A/D 変換処理によりデジタル表示する次の測定器の中で，デジタル表示に必要な最少ビット数が 10 ビットであるものを一つ選べ。

1 0〜10 cm の長さを測定した結果を，10 m きざみでデジタル表示するノギス

2 0〜10 V の電圧を測定した結果を，10 mV きざみでデジタル表示する電圧計

3 0 ～ 100 kg の質量を測定した結果を，1 g きざみでデジタル表示するはかり

4 −50 ℃ ～ +50 ℃ の温度を測定した結果を，0.2 ℃ きざみでデジタル表示する温度計

5 0 ～ 10 kPa の圧力を測定した結果を，1 Pa きざみでデジタル表示する圧力計

〔題意〕 A/D 変換する場合の必要なビット数を求める問題。

〔解説〕 ビット数 10 で最大表示できる数は 2^{10} であるから

$$2\times2\times2\times2\times2\times2\times2\times2\times2\times2 = 1\,024$$

である。

つぎに，各選択肢の最大測定量と最小表示の比率，つまり分解能の能力を計算すると

1 単位を mm に合わせると

$$\frac{10\text{ cm}}{10\text{ μm}} = \frac{100}{0.01} = 10\,000$$

2 単位を mV に合わせて比率を計算すると

$$\frac{10\text{ V}}{10\text{ mV}} = \frac{10\,000}{10} = 1\,000$$

3 単位を 1 g に合わせて比率を計算すると

$$\frac{100\text{ kg}}{1\text{ g}} = \frac{100\,000}{1} = 100\,000$$

4 −50 ℃ ～ +50 ℃ の測定範囲は 100 ℃ であるので比率は

$$\frac{100\text{ ℃}}{0.2\text{ ℃}} = 500$$

5 単位を Pa に合わせて比率を計算すると

$$\frac{10\text{ kPa}}{1\text{ Pa}} = \frac{10\,000}{1} = 10\,000$$

よって，10 ビットで表すことができるのは **2** の 0 ～ 10 V の電圧を 10 mV で表示する場合と，**4** の −50 ℃ ～ +50 ℃ の測定範囲を 0.2 ℃ で表示する場合になる。**4** の場合は 9 ビット数（$2^9 = 512$）で表示できるから，**2** となる。

〔正解〕 2

問 19

コンピュータを利用した情報処理の特徴に関するAからDの記述について，記述内容の正誤の組合せとして正しいものを下の中から一つ選べ。

A　コンピュータによる情報処理の大きな特徴のひとつは，大量のデータを高速で処理できることである。

B　コンピュータは人間と違って，単純処理を長時間継続しても，処理速度が極端に遅くなることはない。

C　ネットワークを利用しても，複数のコンピュータ間でのデータの相互授受はできない。

D　処理方式を工夫しても，あたかも複数の処理（プログラム）が1台のコンピュータで並行して動作しているように利用することはできない。

	A	B	C	D
1	正	正	誤	誤
2	正	誤	正	誤
3	誤	正	正	正
4	正	誤	誤	正
5	誤	正	正	誤

【題意】コンピュータの基礎知識を問うもの。

【解説】コンピュータは大量のデータを決まった処理を高速で処理できることが最大の特徴である。また，長時間動作しても人間と違い疲労したりしないので処理速度は環境条件を一定に保てば遅くなるようなことはない。

ネットワークとは複数のコンピュータ間でのデータの相互利用するためのシステムである。

タイムシェアリングシステムにより，1台のコンピュータのCPUの処理時間をユーザ単位に分割することができ，複数のユーザが同時にコンピュータを利用することができる。

【正解】　1

問 20

信頼性の考え方に関する次の記述の中から，誤っているものを一つ選べ．

1. 信頼性用語としてのアイテムとは，信頼性の対象となる，部品，装置，サブシステム，システムなどを意味する．
2. 信頼性とは，アイテムが与えられた条件の下で，与えられた期間，要求機能を遂行できる能力のことであり，これを適切な尺度で数量化したものを信頼度という．
3. 信頼性特性値は，数量的に表した信頼性の尺度で，信頼度，故障率，故障強度，平均寿命，MTBF，MTTFなどを総称する．
4. 故障率を時間の関数として表したバスタブ曲線とよばれる故障パターンは，初期故障期間，偶発故障期間，摩耗故障期間に区分される．
5. 製品設計において，標準品ではなく特殊品を使用し，部品点数を多くすることにより，信頼性と経済性を両立させることができる．

【題意】 信頼性の基礎的な用語の知識と理解を問うもの．

【解説】 信頼性とは，「アイテムが与えられた条件で規定の期間中，要求された機能を果たすことのできる性質」であり，ここでいうアイテムの対象としてはシステム，サブシステム，機器，装置，構成品，部品，素子，要素などがある．信頼性の能力を尺度として数量化したものを信頼度という．この尺度は信頼性特性値として表され，信頼度，故障率，故障強度，平均寿命，MTBF，MTTFなどがあり，使用状況に応じて特性値を利用することになる．

一般に，機器，装置の故障のパターンはつぎの図に示すように発生するといわれている．このパターンは浴槽の形に似た曲線であることから，バスタブ曲線と呼ばれている．つまり，故障率のパターンは，初期故障期，偶発故障期，そして摩耗故障期に分けられる．

信頼性を高めるためには，製品設計においてはできるだけ標準品を使用するほうが寿命評価などがわかっているから優位である．また，部品の点数が多くなればそれに応じて故障の確率が高くなるので少ないほうがよい．これらは経済性の面でも優位となる．

図 バスタブ曲線

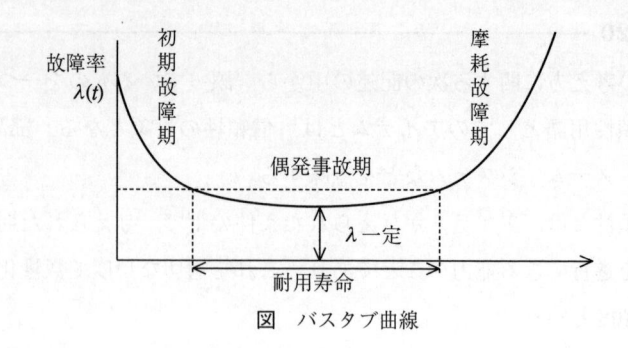

[正解] 5

----- [問] 21 -----

品質管理に用いる手法に関する次の記述の中から，誤っているものを一つ選べ．

1 パレート図は，不適合件数を原因別に分類し，出現頻度の大きさの順に並べるとともに累積和を示したもので，不適合対策の重点付けに用いられる．

2 特性要因図は，特定の結果（特性）と要因の関係を系統的に表したもので，直接的な改善要因の発見のため，状況を良く理解した担当専門家一人が第三者を交えずに作成するのが望ましい．

3 層別は，収集したデータを共通点をもつ幾つかのグループに分類する方法のことで，グループ間の違いを見つけて，ばらつきの原因を分析するためなどの目的に用いられる．

4 ヒストグラムは，測定値の存在する範囲を幾つかの区間に分け，各区間を底辺としてその度数を棒グラフで示したもので，分布の形によって，工程の異常を検知できる場合がある．

5 散布図は，二つの特性をそれぞれ縦軸と横軸にとって観測点を打点して作るグラフであり，二つの特性の関係を調べるために使用される．

【題 意】 品質管理で用いる QC の七つ道具の知識を問うもの。
【解 説】 品質管理 (QC) の七つ道具についての設問である。以下に七つ道具の概要を示す。

特性要因図の作成においては，できるだけ多くの人の参加することで新しい要因の発見が生まれることもあるので，一人で作成することは望ましくない。

手法（道具）	使うとき	わかること
管理図	・時間の経過による変化を見る ・工程の状態の管理	・時系列の変化がわかる ・点の状態で正常か異常かが判断できる
パレート図	・問題点の絞込みのとき ・原因の絞込みのとき ・重点指向の行動をしたいとき	・重点項目がわかり，どの項目から手をつけたらよいかわかる ・対策の予想効果
ヒストグラム	・現状の実態をつかみたいとき ・データの分布状態をみたい	・全体の中心，ばらつきの程度がわかる ・分布の状態がわかる
散布図	・二つの特性値の関係（相関）をつかむとき	・原因と結果の関係がわかる ・2種類の結果の関係がわかる
特性要因図	・結果（特性）と原因（要因）の因果関係を追究するとき	・因果関係の全体像 ・特性に対する要因の整理 ・要因の抜け，もれがなくなり重要要因の予想が可能になる
層 別	・層に分けて違いを見るとき	・層間の違い
チェックシート	・データを収集するとき ・落ちなく確認するとき	・間違いなくデータを収集することができる ・確認したいことが記録に残る

【正 解】 2

---- 問 22 ----

サンプリング方法についての A から D の記述がある。その内容の正誤の組合せとして正しいものを下の中から一つ選べ。

A 系統サンプリングでは，母集団中のサンプリング単位が，生産順のような何らかの順序で並んでいるとき，ランダムな間隔でサンプリング単位を取る。

B 層別サンプリングでは，母集団を層別し，ランダムに選択した幾つかの層から一つ以上のサンプリング単位をランダムに取る。

C 集落サンプリングでは，母集団を幾つかの集落に分割し，全集落から幾つかの集落をランダムに選び，選んだ集落に含まれるサンプリング単位をすべて取る。

D 二段サンプリングでは，二段階に分けてサンプリングする。第一段階は，母集団を幾つかの一次サンプリング単位に分け，その中から幾つかをランダムに一次サンプルとしてサンプリングする。第二段階は，取られた一次サンプルを幾つかの二次サンプリング単位に分け，この中から幾つかをランダムに二次サンプルとして取る。

	A	B	C	D
1	正	正	誤	正
2	誤	正	正	誤
3	正	正	誤	誤
4	誤	誤	正	正
5	正	誤	誤	正

【題意】 各種のサンプリングの基礎的な知識を問うもの。

【解説】 系統サンプリングは，母集団中のサンプリング単位が，つぎからつぎへと生産されているような場合に，一定時間や一定間隔でサンプリングする方法である。よって，Aは誤り。

系統サンプリングは簡単で間違いが少ない，対象の特性に周期性がある場合にサンプル周期と一致するとかたよりが入る場合がある。層別サンプリングは，母集団中の性質の同じものを一つの層として分けて，その層からサンプルをランダムに抜き取る方法であって，ランダムに選択したいくつかの層からサンプルするのではない。よって，Bは誤り。

集落サンプリングは，層別サンプリングと反対に母集団をいくつかの集落に分割し，全集落からいくつかの集落をランダムに選び，選んだ集落についてはすべて抜き取る方法である。Cは正しい。

二段サンプリングは，ロットがさらに副ロットに分かれている場合に用いることができる。ロット全体からサンプルを完全にランダムに抜き取ることは困難である

が，最初に，全体のロットから何個かの副ロットをランダムに抜き取り，つぎにこの副ロットから何個かのサンプルをランダムに抜き取る方法が二段サンプリングである．Dは正しい．

【正解】 4

----【問】23 ----

新しく量産される製品（日産1 000個を予定）の製造工程の管理方法を検討するために，現状の試作工程で作られた製品の特性の時間的変化を調査した．1時間ごとに製品を1個サンプリングし，その製品の特性を測定したところ，図のような結果が得られた．今後の対応に関する次の記述の中から，最も不適切なものを一つ選べ．

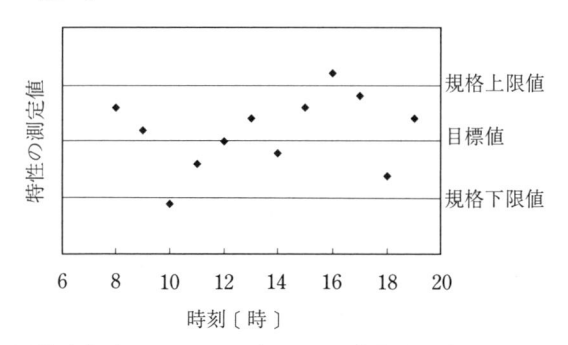

1 規格限界値を超えたデータがあり，不適合品が製造されていることがわかったので，製品の検査を厳密に行い，不適合品が出荷されないような管理方法を検討する．

2 不適合品が製造されていることがわかったので，不適合品を出荷させないために，一定時間ごとにサンプリングした製品の特性の値が規格限界値を超えたら，その製品を手直しして規格限界内に収めて出荷するような管理方法を検討する．

3 工程のばらつきが大きいことがわかったので，規格限界幅より狭い管理幅を決めて工程をフィードバック制御するなど，工程条件を操作して製造される製品のばらつきを減らすような管理方法を検討する．

4 工程のばらつきが大きいことがわかったので，パラメータ設計実験のような工程の最適化実験を行い，日内変動を小さくしたうえで，工程の管理方法を検討する。

5 1時間内での工程のばらつきについてのデータが無いなど，この結果だけでは工程のばらつきの現状がよくわからないので，調査を続行してから，工程の管理方法を検討する。

[題意] 製造工程における計測管理の方法とその理解を問うもの。

[解説] 設問の図からいえることは，規格の上限値および下限値を超えているデータがあること。また，データは規格限界内で大きくばらついており，周期的にデータは変動していることである。よって，この工程管理のままでは不適合品が出荷されるので製品は，サンプリングではなく全数検査を行って不適合品を出荷しないことが必要である。よって，2 は誤り。

この工程のばらつきを小さくするには，規格限界幅より狭い管理幅を決めて，特性値の測定データが管理幅を超えたらフィードバック制御するなど，工程条件を操作して製造品のばらつきを減らす方法を考える必要がある。ばらつきを減らす最適な工程条件を見付ける方法としてパラメータ設計実験が効果的である。さらに，1時間ごとのデータのばらつきが大きいことから1時間の間のデータの変化も調べることも検討が必要と考えられる。

[正解] 2

------ [問] 24 ------

生産工程内で用いられる測定器に対して，測定器の系統的なずれ δ を定期的に点検する。δ の大きさがあらかじめ定められた修正限界 D より大きいときには，δ をゼロに近づけるよう測定器を修正し，そうでないときには修正せず測定を続けるものとする。この場合，測定器の管理に付随する総損失 L は，測定器の点検や修正に必要なコスト L_1 と，ずれ δ のため製品の特性が目標値からずれることに付随する損失 L_2 との和として表すことができる。この考え方の下で，総損失 L が最小になるように管理パラメータを選択するという管理

方式に関する次の記述の中から，誤っているものを一つ選べ。

ただし，点検周期は n 個（すなわち，製品が n 個生産されるごとに点検を1回行う）とし，また L_1，L_2 は，製品1個あたりの値である。

1 選択可能な管理パラメータとして，修正限界 D と点検周期 n がある。
2 修正限界 D を大きくすると，修正の頻度が減るため L_1 は小さくなる。
3 修正限界 D を大きくすると，$δ$ が修正されないまま生産が継続する時間が増えるため L_2 は大きくなる。
4 点検周期 n を大きくすると，L_1 と L_2 はともに小さくなる。
5 時間的変動の小さい測定器の方が大きい測定器より L_2 は小さくなる。

【題意】 生産工程内で用いる測定器の点検・修理に係る損失（コスト）と，測定誤差からくる製品の特性値が目標値からずれるために生じる損失について理解を問うもの。

【解説】 ここで，これらの損失に関わるパラメータとしては，測定器の修正限界 D，測定器の点検周期 n である。

修正限界 D を大きくすると，修正の頻度が減るため測定器の点検・修理にかかわるコストは小さくなるが，修正限界 D を大きくすると測定器のずれ $δ$ が大きくなるから，結果として測定した製品の特性値のずれも大きくなるため，品質特性による損失 L_2 は大きくなる。

つぎに，点検周期 n を大きくすると，測定器の点検・修理に係るコスト L_1 は小さくなるが，測定器のずれ $δ$ は大きくなるから L_2 は大きくなる。よって，4 は誤り。
時間的変動の小さい測定器は，その分ずれ $δ$ が小さいので製品の特性値のずれが小さくなり損失 L_2 は小さくなる。

【正解】 4

問 25

標準化に関する次の記述の中から，誤っているものを一つ選べ。

1 標準化は，現在あるいは将来起こりえる問題に関して，与えられた状況で最適な秩序を得ることを目的として，標準を設定し，これを活用する組

織的行為である。

2 標準化の活動の中では，標準という用語は，規格，標準仕様書，実施基準など規範文書又はその記述事項のことを指している。

3 社内標準化は，品質管理を合理的かつ経済的に実施するために必要な活動で，標準化を進めることによって個人の経験や技術を社内全体の財産とすることができる。

4 国家標準や社内標準などのように，適用範囲が限定された標準は，他の国や他の会社に影響を及ぼすことはない。

5 実際に社内標準化を実施する際は，企業の方針に沿って目標を明確にし，形式的にならないように推進することが必要である。

[題意] 社内標準化を行う場合の注意事項と標準化による効果について問うもの。

[解説] 社内標準化とは，標準を設定し，これを活用する組織的行為である。標準化は社内標準のほかに国際的，国家的，業界的などがあり，ISO規格，JIS規格などは標準化の一つである。この標準化における標準の対象となるものとしては規格，標準仕様書，実施基準など規範文書またはその記述事項などがある。

社内標準化によって得られるメリットには，情報の伝達の正確さと迅速化，技術と業務の蓄積・向上の伝承，品質管理の合理化などがある。

国家標準や社内標準などは適用範囲が限定されていても，ほかの組織や業界などへの影響が考えられる。よって，**4**は誤り。

社内標準化を実施する際には，会社の経営方針，事業計画に沿ったものでなければならない。また，形式的にならないようにし，固有技術を標準化したりしないで，定期的に見直すことや技術の進歩に対応していくことも重要である。

[正解] 4

一般計量士・環境計量士　国家試験問題　解答と解説
3．法規・管理（計量関係法規／計量管理概論）（平成21年〜23年）
　　　　　　　　Ⓒ一般社団法人　日本計量振興協会　2012

2012年1月6日　初版第1刷発行
2012年12月5日　初版第2刷発行

	編　者	一般社団法人 日本計量振興協会 東京都新宿区納戸町 25-1 電話 (03)3268-4920
検印省略	発行者	株式会社　コロナ社 代表者　牛来真也
	印刷所	萩原印刷株式会社

112-0011　東京都文京区千石 4-46-10
発行所　株式会社　コロナ社
CORONA PUBLISHING CO., LTD.
Tokyo　Japan
振替 00140-8-14844・電話(03)3941-3131(代)
ホームページ http://www.coronasha.co.jp

ISBN 978-4-339-03205-5　　（柏原）　　（製本：グリーン）N
Printed in Japan

本書のコピー，スキャン，デジタル化等の無断複製・転載は著作権法上での例外を除き禁じられております。購入者以外の第三者による本書の電子データ化及び電子書籍化は，いかなる場合も認めておりません。

落丁・乱丁本はお取替えいたします

◆コロナ社図書御案内――――――――――――(各巻A5判)

計量士(一般計量士・環境計量士)
国家試験問題の対策に必携!
最新刊(平成21年～23年版)発売中

◆日本計量振興協会 編

一般計量士 国家試験問題 解答と解説
1.一基・計質(計量に関する基礎知識/計量器概論及び質量の計量)
176頁 定価2205円

環境計量士(濃度関係) 国家試験問題 解答と解説
2.環化・環濃(環境計量に関する基礎知識/化学分析概論及び濃度の計量)
192頁 定価2520円

一般計量士 環境計量士 国家試験問題 解答と解説
3.法規・管理(計量関係法規/計量管理概論)
168頁 定価2205円

定価は本体価格+税5%です。
定価は変更されることがありますのでご了承下さい。
図書目録進呈◆